30 Minuten

Entscheidungen treffen

Peter Brandl

Externe Links wurden bis zum Zeitpunkt der Drucklegung des Buches geprüft. Auf etwaige Änderungen zu einem späteren Zeitpunkt hat der Verlag keinen Einfluss. Eine Haftung des Verlags ist daher ausgeschlossen.

Bibliografische Information der Deutschen Nationalbibliothek. Die Deutsche Nationalbibliothek verzeichnet diese Publikation in der Deutschen Nationalbibliografie; detaillierte bibliografische Daten sind im Internet über http://dnb.d-nb.de abrufbar.

ISBN 978-3-96739-171-8

Umschlaggestaltung: die imprimatur, Hainburg
Umschlagkonzept: Buddelschiff, Stuttgart | www.buddelschiff.de
Lektorat: Silke Martin, Kriftel
Autorenfoto: Jamie Lee Arnold
Satz und Layout: Zerosoft, Timisoara (Rumänien)
Druck und Bindung: Salzland Druck, Staßfurt

Ein Hinweis zu gendergerechter Sprache: Die Entscheidung, in welcher Form alle Geschlechter angesprochen werden, obliegt den jeweiligen Verfassenden.

Wir drucken in Deutschland.

www.gabal-verlag.de
www.gabal-magazin.de
www.twitter.com/gabalbuecher
www.facebook.com/gabalbuecher
www.instagram.com/gabalbuecher

PEFC zertifiziert
Dieses Produkt stammt aus nachhaltig bewirtschafteten Wäldern und kontrollierten Quellen.
www.pefc.de

Wir übernehmen Verantwortung! Ökologisch und sozial!

- Verzicht auf Plastik: kein Einschweißen der Bücher in Folie
- Nachhaltige Produktion: Verwendung von Papier aus nachhaltig bewirtschafteten Wäldern, PEFC-zertifiziert
- Stärkung des Wirtschaftsstandorts Deutschland: Herstellung und Druck in Deutschland

Wissen auf den Punkt gebracht

Dieses Buch ist so konzipiert, dass Sie in kurzer Zeit prägnante und fundierte Informationen aufnehmen können. Mithilfe eines Leitsystems werden Sie durch das Buch geführt. Es erlaubt Ihnen, innerhalb Ihres persönlichen Zeitkontingents (von 10 bis 30 Minuten) das Wesentliche zu erfassen.

Kurze Lesezeit

In 30 Minuten können Sie das ganze Buch lesen. Wenn Sie weniger Zeit haben, lesen Sie gezielt nur die Stellen, die für Sie wichtige Informationen beinhalten.

- Schlüsselfragen mit Seitenverweisen zu Beginn eines jeden Kapitels erlauben eine schnelle Orientierung: Sie blättern direkt zu dem Thema, das Sie besonders interessiert.
- **Zahlreiche Zusammenfassungen innerhalb der Kapitel erlauben das schnelle Querlesen.**
- Ein Fast Reader am Ende des Buches fasst alle wichtigen Aspekte zusammen.
- Ein Register erleichtert das Nachschlagen.

Inhalt

Vorwort

„Sie zeigen uns jetzt also, wie wir uns in Zukunft immer richtig entscheiden“ – das waren die Worte, mit denen ich vor nicht allzu langer Zeit anmoderiert wurde, um danach einen Vortrag über schwere Entscheidungen und Fehlermanagement zu halten. Treffer versenkt! Und dennoch: Dieser Gedanke ist kein Einzelfall. Immer wieder treffe ich auf den Wunsch, einen Algorithmus zu haben, der ganz klare Empfehlungen gibt – wir hätten gern die Sicherheit, immer alles richtig zu machen.

So verständlich dieser Wunsch auch ist, so unsinnig ist er. Es ist das Wesen einer schweren Entscheidung, dass man eben nicht vorher weiß, was richtig und was falsch ist. Wenn man das wüsste, dann wäre es keine schwere Entscheidung – und dann bräuchte es auch dieses Buch nicht.

Jetzt wäre das alles nur halb so wild, wenn wir die Konsequenzen unserer Entscheidungen nicht tragen müssten. Aber genau hier liegt das eigentliche Problem. Fehlentscheidungen können zum Teil gravierende Auswirkungen haben – den Verlust eines besonderen Menschen, das Scheitern eines Projektes, das Kollabieren der Lebensplanung. Und das wollen wir natürlich vermeiden.

Wenn es aber keine Sicherheit gibt, was dann? Eigentlich ganz einfach: Wir müssen versuchen, so viele Fehler wie möglich zu vermeiden, so vielen Fallstricken wie möglich auszuweichen und die Muster zu erkennen, die uns immer wieder in Schwierigkeiten bringen.

Das Spannende dabei ist, dass es stets die gleichen Muster und Fallstricke sind, und man weiß sogar, welche das sind. Dazu kommt, dass es inzwischen erprobte und nachvollziehbare Strategien und Methoden gibt, um bessere Entscheidungen zu treffen und weniger Fehler zu machen. Und genau darum geht es in diesem Buch: um Werkzeuge und Strategien, die direkt anwendbar sind und die dir das Leben leichter machen.

Wird das alles völlig neu für dich sein? Ganz sicher nicht. Doch oft sind es genau die Grundlagen bzw. Basics, die den Unterschied machen.

Dieses Buch soll Lust machen, dich und deine Entscheidungen zu hinterfragen. Bist du dabei?

Viel Spaß beim Lesen und „Always happy landings“

Peter Brandl

Was ist der Unterschied zwischen einer Entscheidung und einer Problemlösung?

Seite 10

Warum ist eine falsche Entscheidung besser als keine Entscheidung?

Seite 12

Warum ergibt es keinen Sinn, nach Schuldigen zu suchen?

Seite 13

1. Eine falsche Entscheidung ist besser als keine Entscheidung

Vielleicht wunderst du dich, dass ein Buch über Entscheidungen mit so einer Aussage anfängt. Und ja, das ist etwas provokativ. Aber schauen wir uns doch kurz an, was eine Entscheidung eigentlich ist. Wir leben in einer Welt, in der sich alles immer schneller verändert. Das geht schon eine Weile so und es wird wohl auch so bleiben. Wenn wir uns aber immer wieder auf unbekanntem Terrain bewegen müssen, dann werden wir zwangsläufig auch immer wieder in Situationen kommen, für die wir noch keinerlei Erfahrungswerte haben. Das bedeutet, wir müssen Entscheidungen treffen, ohne wirklich sagen zu können, ob die Entscheidung richtig oder falsch sein wird. Eine schwierige Entscheidung wird also immer mit Unsicherheiten belegt sein. Du weißt vorher nie, ob die Entscheidung richtig oder falsch ist. Das ist der Witz an einer schweren Entscheidung. Wenn es einen Algorithmus gäbe, der dir genau sagen könnte, womit du auf der richtigen Seite bist, dann wäre es keine schwierige Entscheidung mehr.

1.1 Entscheidung oder Problemlösung?

Ich habe vor einiger Zeit ein Video auf meinem YouTube-Kanal veröffentlicht. Der Titel war der gleiche wie der Titel dieses Kapitels: Eine schlechte Entscheidung ist besser als keine Entscheidung. Prompt kam ein Kommentar, der direkt mit „So ein Quatsch" begann. Im weiteren Text schreibt die Kommentatorin dann: „Wenn zum Beispiel ein Chirurg eine Fehldiagnose stellt und deswegen ... einen irreparablen Fehler macht ..."

Kennzeichen einer Entscheidung

Interessanterweise hat sie damit schon einen der wichtigsten Punkte angesprochen. Viele Dinge, die wir als Entscheidungen bezeichnen, sind gar keine. Eine Fehldiagnose ist keine falsche Entscheidung, sondern eine Fehldiagnose. Und das bringt uns zu dem Unterschied, den man am besten an der Unterscheidung zwischen Entscheidung und Problemlösung festmachen kann.

Für eine **Problemlösung** brauchst du

- Skills,
- Fähigkeiten und
- Kompetenzen.

Wenn du davon in einer bestimmten Situation zu wenig hast, wirst du falsche Schlussfolgerungen ziehen. Das ist dann aber keine Entscheidung, sondern ein Fehler aufgrund von mangelndem Wissen und/oder fehlenden Informationen.

Und hier kann ich mir einen kleinen Seitenhieb auf die Kommentatorin nicht verkneifen. Sie hatte nämlich das Video, um das es ging, gar nicht gesehen. Ihre Kritik bezog sich lediglich auf den Titel. Hätte sie mehr Informationen gehabt (hätte sie also zum Beispiel das Video, das sie kritisiert, angesehen), wäre sie eventuell zu einer anderen Entscheidung gekommen.

Keine Entscheidung ist keine Lösung

Untersuchungen unter den Mitarbeitern und Mitarbeiterinnen deutscher Unternehmen haben wiederholt gezeigt, dass falsche Entscheidungen nicht als das Hauptproblem gesehen werden. Als größtes Problem gaben die Befragten an, dass im Management KEINE Entscheidungen getroffen würden – und das lässt alle in einer Art luftleerem Raum zurück.

Ich denke, du kennst diesen Effekt selbst. Du bist von der Entscheidung eines anderen abhängig, aber die kommt nicht. Ab jetzt hängst du in der Luft und oftmals kommt dann der Gedanke: Egal wie oder was, aber entscheidet euch, damit wir weitermachen können.

Hier steckt der Unterschied im Detail: Problemlösungen erfordern fachliche Kenntnisse und Fähigkeiten. Bei Entscheidungen geht es darum, die richtige Wahl zu treffen. Aber: Ausbleibende Entscheidungen sind auch Entscheidungen. Allerdings lähmen und behindern sie alle anderen Betroffenen.

1.2 Auf die Entscheidung kommt es an

Vorneweg: Es geht mir nicht um übereilte oder unüberlegte Entscheidungen, aber eins ist Fakt: Keine Entscheidung ist auch eine Entscheidung. Der Unterschied ist nur, dass eine falsche Entscheidung zu falschen Auswirkungen oder falschen Ergebnissen führt.

Aus Fehlern lernen

Warum ist dann aber eine falsche Entscheidung besser als keine Entscheidung? Ganz einfach: Die falschen Auswirkungen bekommst du mit. Wenn du zum Beispiel im Winter ohne Jacke auf die Straße gehst, dann wirst du frieren. Und es ist klar, dass du frierst, weil du zu dünn angezogen bist. Falsche Auswirkungen oder Ergebnisse nehmen wir wahr. Und es ist uns klar, dass diese Ergebnisse aufgrund der falschen Entscheidung eintreten. Im besten Fall kannst du nun deine Entscheidung korrigieren. Vielleicht kannst du zumindest Schadensbegrenzung betreiben. Auf jeden Fall aber kannst du aus deinem Fehler lernen und dafür sorgen, dass du in Zukunft bessere Entscheidungen triffst.

Auch Nichtstun bewirkt etwas

Wenn du keine Entscheidung triffst, hat das auch Auswirkungen. Das Problem ist nur, dass wir gar nicht auf den Gedanken kommen, dass diese Auswirkungen das Resultat unserer falschen Entscheidung sein könnten. Wir sind uns sicher, dass es nicht an uns gelegen haben kann – schließlich haben wir nichts gemacht. Und nachdem du keinen Zusammenhang zwischen dir und dem Ergebnis siehst, fühlst du dich als Opfer der Umstände.

> Wie paradox das Ganze eigentlich ist, wird klar, wenn du die Situation in ein Cockpit überträgst. Die Piloten haben eine Landung versaut, der Flieger crasht. Die Piloten kriechen aus dem Wrack und sagen: „An uns kann das nicht gelegen haben. Wir waren noch nicht mal im Cockpit."

Die Situation, in der du dich jetzt im Moment befindest, ist zum großen Teil das Ergebnis der Entscheidungen, die du in der Vergangenheit getroffen hast.

Eine falsche Entscheidung zieht falsche Auswirkungen nach sich, die du bemerkst. Triffst du indes gar keine Entscheidung, fühlst du dich als Opfer der Umstände.

1.3 Es geht nicht um Schuld

Mit dem letzten Satz des vorigen Kapitels behaupte ich nicht, dass du schuld bist an deiner Situation. Aber ich glaube, du stimmst mir zu: Hättest du zu einem bestimmten Zeitpunkt andere Entscheidungen getroffen, wärst du jetzt in einer anderen Situation.

Fehleinschätzungen minimieren

Okay: Du musst eine Entscheidung treffen, weil das in jedem Fall besser ist, als keine zu treffen. Gleichzeitig weißt du im Voraus nie zu 100 Prozent, was richtig und was falsch sein wird. Wenn wir die beiden Punkte zusammenführen, dann geht es also darum, möglichst wenige Fehlentscheidungen zu treffen. Das heißt, es geht darum, die Faktoren zu identifizieren und auszuschließen, die dich zu Fehleinschätzungen und damit zu Fehlentscheidungen führen werden.

Und genau darum geht es in diesem Buch: Wir werden uns die Hauptfallen anschauen und Strategien entwickeln, wie du deine Entscheidungen nachhaltig immer besser machen kannst. Wir werden uns damit beschäftigen, warum man sich manchmal so lange mit Entscheidungen quält und sich dann doch nicht entscheiden kann, und wir werden uns Strategien ansehen, die in Hochrisikobereichen, z. B. der Luftfahrt, angewendet werden – in Bereichen, in denen Fehlentscheidungen tödlich wären.

Mythen hinterfragen

Wir werden uns aber auch mit ein paar Mythen beschäftigen, die um das Thema Entscheidungen kreisen. Mythen, die wir zum Teil schon so oft gehört haben, dass wir sie einfach als selbstverständliche Wahrheit akzeptiert haben. Aber wie das halt mit Mythen so ist, wenn du ihnen aufsitzt, reiten sie dich in den Mist. Also, lass uns beginnen. Kapitel 2 klärt über die größten Entscheidungs-Mythen auf.

Generell kann es sinnvoller sein, eine – unter Umständen auch falsche – Entscheidung zu treffen, statt gar keine Entscheidung zu treffen.

- Mangelnde fachliche Kenntnisse und Fähigkeiten führen zwangsläufig zu falschen Einschätzungen.
- Eine falsche Entscheidung zieht falsche Auswirkungen nach sich, die du bemerkst.
- Aber: Auch ausbleibende Entscheidungen sind Entscheidungen mit ggf. negativen Folgen. Besser ist es, aus Fehlern zu lernen.
- Schuldfragen führen immer in die Vergangenheit, außerdem lähmen sie und verhindern Entscheidungen eher. Die Lösung liegt in der Zukunft.
- Solange du Entscheidungen triffst, hast du das Heft des Handelns in der Hand, statt ein Opfer der Umstände zu sein.

Was sind die größten Irrtümer über Entscheidungen?

Seite 17

Was steuert unser Verhalten und was unsere Entscheidungen?

Seite 21

Warum sind gute Entscheidungen keine Frage des Talents oder der Persönlichkeit?

Seite 26

2. Die größten Mythen über Entscheidungen

Kennst du das? Du stehst vor einem Problem und das Einzige, was du hast, sind gute Ratschläge. Mach dies, tue das … Aber irgendwie passt das nie. Entscheidungen, und auch die Situationen, in denen sie getroffen werden müssen, sind viel zu unterschiedlich, als dass man sie mit einfachen Patentrezepten abhandeln kann. Es gibt nicht *diese* einfachen Lösungen, die immer passen. Was es aber gibt, sind Mythen, Fallstricke und Fehlannahmen, die uns immer wieder in die Irre und damit zu falschen Entscheidungen führen. Um die wichtigsten dieser Mythen geht es in diesem Kapitel.

2.1 Der Alternativlos-Mythos

Kennst du das? Jemand sagt zu dir etwas wie „Da hatte ich keine andere Wahl“ oder, was Politiker öfters sagen, „Die Situation ist alternativlos“. Ich vergleiche das oft mit der Landung auf dem Hudson. Du erinnerst dich bestimmt: Am 15. Januar 2009 kollidierte ein Airbus kurz nach dem Start mit einem Schwarm Wildgänse. Beide Triebwerke fielen dadurch aus und das Flugzeug musste auf dem Hudson River notlanden.

Wenn ich diese Geschichte in einem Vortrag erzähle, kommt regelmäßig jemand mit der Frage, was daran bitte die schwierige Entscheidung sei. Schließlich hatten die keine andere Option, als auf dem Hudson zu landen. Und wenn man keine andere Option, keine Alternativen hat, könne man doch nicht von einer schweren Entscheidung sprechen.

Andere Perspektive einnehmen

Dreh die Situation mal um. Stell dir vor, die Landung wäre missglückt. Der Flieger wäre gecrasht und unzählige Menschen hätten ihr Leben verloren. Wie lange hätte es da gedauert, bis „Experten" uns wortreich erklärt hätten, warum die Entscheidung, im Hudson zu landen, völlig falsch war und was sie stattdessen hätten tun sollen?

Es gibt immer andere Optionen!

Die wichtige Lektion daraus ist nicht, dass es immer irgendwelche Besserwisser gibt – die wichtige Lektion ist, dass es immer Alternativen gibt. Es gibt immer andere Möglichkeiten, andere Optionen. Es kann natürlich sein, dass wir sie nicht sehen. Oder, wenn wir sie sehen, dass sie uns nicht gefallen.

Stets auch nach Alternativen suchen

Aber: Oftmals wirst du dich, gerade bei schwierigen Entscheidungen, unter Druck gesetzt fühlen. Du glaubst, du müsstest JETZT entscheiden, und gleichzeitig siehst du nur einen Ausweg. Hier ist es wichtig, zu verstehen, dass es immer andere Optionen gibt. Wenn du diese einfache erste Lektion verinnerlicht hast, wird sich die Art und Weise ändern, mit der du in Zukunft an Entscheidungen herangehst.

Such immer nach Optionen und Alternativen, die du jetzt noch gar nicht auf dem Schirm hast.

Es gibt immer andere Optionen und mögliche Alternativen, die Frage ist nur, ob wir sie sehen. „Alternativlos" ist nur ein Mangel an Kreativität.

2.2 Der „Bewusst handeln"-Mythos

Hast du schon mal die Aussage gehört, dass wir Menschen angeblich bis zu 35.000 Entscheidungen am Tag treffen würden? Und das würde anfangen bei der Wahl der Kleidung am Morgen, den Frühstücksgewohnheiten oder, noch früher, ob du aufstehst oder dich noch einmal umdrehst.

Routinen brauchen keine Entscheidungen

Ganz ehrlich? Das meiste davon sind keine Entscheidungen. Kann es sein, dass die meisten Morgen bei dir ziemlich identisch ablaufen? Du frühstückst immer das Gleiche (oder nichts, was auch wieder immer das Gleiche ist). Du ziehst jeden Morgen einen Anzug an oder Jeans und T-Shirt oder das, was jemand anderes dir hingelegt hat. Oder die Anzahl, wie oft du deinen Wecker ausschaltest, bevor du aufstehst. Die meisten von uns sind am Morgen auf Autopilot geschaltet. Alles, was wir tun, läuft mehr oder weniger automatisch. Und das ist auch gut so. Dadurch, dass du dich um die Routinen nicht kümmern musst, hast du Ressourcen frei, dich um andere Sachen zu kümmern, z. B.

den Tag zu planen oder über eine wichtige Entscheidung nachzugrübeln.

Gewohnheiten bestimmen den Tag

Die Frage ist nun: Wie groß ist der Anteil, den solche Gewohnheiten und Routinen haben an dem, was wir den ganzen Tag über tun? Es gibt viele Studien, die diesen Anteil auf ca. 45 bis 50 Prozent aller Aktivitäten schätzen.* Meine persönliche Einschätzung ist, dass dieser Anteil noch deutlich höher, nämlich bei über 90 Prozent liegt.

- Die Art, wie du dich kleidest, ist eine Gewohnheit.
- Die Art, wie du dich ernährst, ist eine Gewohnheit.
- Die Art, wie du redest, ist eine Gewohnheit.
- Sogar die Art, wie du denkst, ist eine Gewohnheit.

Spoileralarm: Wenn die Art, wie du denkst, eine Gewohnheit ist, dann hängen deine Entscheidungen weniger von Fakten ab, dafür mehr von deinen Gewohnheiten.

Stimmt die Programmierung?

Und hier kommt die Lektion: Es ist gar nicht so wichtig, ob deine Entscheidung nun von einer Gewohnheit, also deinem Autopiloten, gesteuert wird oder nicht – wichtig ist, wie dein Autopilot programmiert ist. Findest du dich öfter mal in Situationen wieder, wo du dich fragst: „Warum passiert dieser Mist immer mir?“, oder: „Warum gerate

* Z. B. 2014, Frontiers in Human Neuroscience; 2012, Journal of Social Psychology

ich immer an solche Idioten!“, oder auch: „Warum habe ich eigentlich nie Geld auf dem Konto?“ Wenn du dich öfter in solchen Situationen wiederfindest, dann denke mal darüber nach, wie dein Autopilot programmiert ist. Bringt er dir Vorteile oder reitet er dich in den Mist?

Die meisten Entscheidungen sind vom Autopiloten gesteuert! Und noch mal: Dass unser Autopilot so viel Kontrolle über uns hat, ist weder gut noch schlecht. Das spart uns sehr viel Arbeit und Aufwand und ermöglicht es uns, die Ressourcen unseres Gehirns für Wichtigeres zu nutzen. Wichtig ist aber, dass du dir deiner Gewohnheiten bewusst wirst, denn die steuern deine Entscheidungen.

Die meisten Entscheidungen entstehen nicht bewusst, sondern aufgrund von Gewohnheiten und persönlichen Mustern. Wie ist dein Autopilot programmiert?

2.3 Der „Rationale Entscheidungen“-Mythos

Wahrscheinlich stimmst du mir zu, wenn ich behaupte, dass es Menschen gibt, die eher kopfgesteuert, also kognitiv/rational sind, und Menschen, die eher intuitiv/emotional gesteuert sind. Vereinfacht könnte man sagen, dass es Kopfmenschen und Bauchmenschen gibt. Wie treffen wir aber nun Entscheidungen?

- Im Kopf, also kognitiv/rational?

- Oder eher im Bauch, also eher intuitiv/emotional?

Kopf versus Bauch

Ich habe in meinen Vorträgen mehreren Tausend Menschen diese Frage gestellt. Die Antwort ist relativ konstant: Etwa die Hälfte meiner Zuhörerinnen und Zuhörer behauptet von sich, eher kognitiv/rational zu sein, Entscheidungen also im Kopf zu treffen, die andere Hälfte hält sich eher für Bauchmenschen. Sie treffen Entscheidungen eher intuitiv/emotional.

Entscheidungen sind immer emotional

Aber wie ist es denn nun wirklich? Tatsächlich ist es ein klein wenig komplexer. Aber eins schon mal vorweg: Wenn du dich für eher rational, also kopfgesteuert hältst und glaubst, du würdest Entscheidungen vorwiegend rational treffen, dann musst du jetzt stark sein. Denn NEIN, das bist du nicht. Wir Menschen treffen Entscheidungen nur zu einem sehr geringen Teil rein rational. Natürlich treffen wir Entscheidungen nicht im Bauch, aber Emotionen und der nicht bewusste Teil unseres Gehirns haben einen sehr großen, sogar bestimmenden Einfluss.

Keine Trennung von Verstand und Gefühl

Jetzt hätte ich gern deine Reaktion gesehen. Vor allem, wenn du dich eher als Kopfmensch definierst, der seine Entscheidungen aufgrund rationaler Abwägungen trifft. Und mit dieser Meinung bist du nicht allein. Es ist eine der Grundannahmen des westlichen Denkens, dass es eine strikte

Trennung von Verstand und Gefühl gäbe. Und dass man, um bessere Entscheidungen zu treffen, das Gefühl weitgehend ausschalten und sich primär auf Fakten und intellektuelle Schlüsse verlassen solle. So hartnäckig, wie sich diese Überzeugung auch hält, so wenig hat sie mit der Realität zu tun.

Keine Entscheidung ohne Emotion

Antonio Damasio, einer der bedeutendsten Hirnforscher, beschreibt das eindrucksvoll am Beispiel eines Patienten, den er Elliot nannte. Elliot litt an einem Hirntumor, den man operativ entfernen musste. Bei der Entfernung des Tumors wurden bestimmte Teile des präfrontalen Kortex irreparabel beschädigt.* Der Kortex ist die Hirnrinde, also die äußerste Schicht des Gehirns. Der präfrontale Kortex ist der vordere Stirnlappen. Dieses Ding hat eine Reihe von wichtigen Aufgaben und ist an vielen Prozessen beteiligt. Eine der Hauptaufgaben des präfrontalen Kortex ist die Kontrolle und Regulation von Emotionen, der Empathie und Impulskontrolle. Und genau das war bei Elliot beschädigt. Kognitiv und intellektuell hatte er keinerlei Defizite und dennoch war Elliott nicht mehr in der Lage, Entscheidungen zu treffen, die für sein eigenes Wohlbefinden relevant waren. Er wurde impulsiv und extrem risikobereit. Intellektuell und in anderen Fähigkeiten war er aber völlig normal.

In den folgenden Jahren wurden noch zahllose weitere Untersuchungen mit Menschen gemacht, die Schäden am

* Antonio Damasio: Descartes' Irrtum, 1994

präfrontalen Kortex hatten. Das Ergebnis war immer dasselbe:

Wenn das Emotionszentrum gestört ist, können wir keine vernünftigen Entscheidungen mehr treffen.

Die Vernunft ist nicht handlungsbestimmend

Heißt das jetzt, dass wir Entscheidungen nicht vernünftig, sondern emotional treffen? Vereinfacht gesprochen: Ja.

Vernunft wird vom Großhirn gesteuert. Genauer gesagt von verschiedenen Teilen der Großhirnrinde. Wenn du dich auf der Welt einmal umsiehst, wie viel Vernunft siehst du da? Ich glaube, wir sind uns einig: Die Vernunft ist offensichtlich nicht handlungsbestimmend.

In meinen Vorträgen geht hier immer ein Raunen durch die Reihen, denn das, was ich gerade behaupte, widerspricht ja nun völlig dem, was uns über Jahre eingetrichtert wurde:

- „Sei vernünftig!"
- „Benutz dein Gehirn!"
- „Sei nicht so emotional!"
- Und so weiter.

Wie oft hast du solche Sätze schon gehört? Und jetzt soll alles anders sein?

Ich erinnere mich noch sehr gut an ein Seminar, das ich vor einigen Jahren für Top-Führungskräfte gegeben habe. Alle waren aus den Vorstandsetagen großer Unternehmen und es waren nur Männer. Du kannst dir vorstellen, dass die teilweise sehr energisch darauf bestanden, Entscheidungen grundsätzlich rational und nach reiflicher Abwägung zu treffen – und zwar alle. Lustigerweise fuhren fast alle diese Männer Autos mit über 400 PS. Ich konnte es mir natürlich nicht verkneifen zu fragen, warum sie das taten. „Weil es Spaß macht!“ oder „Weil mein Nachbar darauf neidisch ist!“, all das wären ehrliche Antworten gewesen, aber halt keine rationalen. Die Antwort, die stattdessen kam, war: „Herr Brandl, die Leistung meines Wagens gibt mir Sicherheit beim Überholen.“

Ratio begründet Emotion

Und das illustriert etwas Spannendes: Wir treffen eine nicht rationale Entscheidung und im zweiten Schritt muss sich das Großhirn abrackern, um diese Entscheidung rational zu begründen. **Sekundäre Rationalisierung** nennt man das.

Wofür ist das wichtig? Wenn du jemanden überzeugen möchtest, musst du

- als Erstes eine Emotion auslösen
- und im zweiten Schritt rationale Argumente nachschieben.

Meistens wird aber eins von beiden vergessen und dann wundern wir uns, dass unser Gegenüber keine Entscheidung treffen kann und noch mal darüber nachdenken muss. Für dich selbst und deine Entscheidungen ist diese Erkenntnis aber mindestens genauso relevant. Du solltest wissen, was deine sekundären Rationalisierungen sind. In Kapitel 3

„Schnelles Denken, langsames Denken“ werden wir auf diese Effekte noch genauer eingehen.

Emotionen haben einen starken Einfluss auf Entscheidungen, selbst bei vermeintlich „sachlichen“ Themen. Oft werden solche Entscheidungen dann erst im zweiten Schritt rationalisiert.

2.4 Der Talent-Mythos

Der letzte große Mythos hat etwas mit Talent oder Begabung zu tun. Und hier meine ich nur am Rand, dass du vielleicht ein handwerkliches oder musisches Talent hast. Immer wieder höre ich, dass ein Mensch entscheidungsstark oder eben -schwach wäre. Diese Aussagen suggerieren, dass es Menschen gäbe, die ein angeborenes Talent für Entscheidungen hätten oder denen es schlicht leichter fällt. Aber auch das ist ein Mythos. Wenn du dich mit Entscheidungen schwertust, kann das drei Ursachen haben:

1. **Gewohnheit:**
   Du bist es schlicht nicht gewohnt, schnell Entscheidungen zu treffen und dadurch eventuell auch Risiken einzugehen. Vielmehr ist es für dich normal, zu zögern, abzuwarten und zu zweifeln. Wenn du dich hier wiedererkennst, bitte hadere jetzt nicht mit dir. Jede Persönlichkeitseigenschaft ist an sich weder gut noch schlecht. Es kommt immer auf den Kontext an, ob sie hilfreich für

dich ist oder hinderlich. Die gute Nachricht: Gewohnheiten kann man ändern.

2. **Fehlende Selbstwirksamkeitserwartung**
   Die Selbstwirksamkeitserwartung ist ein Konzept aus der Psychologie, das beschreibt, ob du in einer konkreten Situation davon ausgehst, dass du handlungsfähig bist. Hast du eine hohe Selbstwirksamkeitserwartung, dann gehst du grundsätzlich davon aus, dass – egal was kommt – du das Problem schon in den Griff bekommen wirst. Hast du eine niedrige Selbstwirksamkeitserwartung, dann stehst du eher auf dem Standpunkt: Das bringt eh alles nichts. Na ja, und wenn du auf diesem Standpunkt stehst, was sollte dann eine Entscheidung bringen?

3. **Mangelnde Vorbereitung**
   Nachdem Kapitän Sullenberger seinen Airbus auf dem Hudson gelandet hat, wurde er immer wieder gefragt, was sein Erfolgsgeheimnis sei. Seine Antwort war immer die gleiche: Vorbereitung. Vielleicht überrascht dich diese Antwort, und vielleicht überrascht es dich, dass mangelnde Vorbereitung ein Hauptgrund für Entscheidungsschwierigkeiten sein soll, aber die Auflösung ist sehr simpel. Sullenberger hatte insgesamt 208 Sekunden Zeit von dem Moment an, wo die Triebwerke ausfielen, bis zu dem Moment, wo er im Hudson aufsetzte.
   Niemand ist in der Lage, innerhalb von dreieinhalb Minuten eine hochgradig komplexe Situation differenziert

zu erfassen, verschiedene Handlungsoptionen zu finden, diese gegeneinander abzuwägen und dann zu entscheiden. Das geht schlicht und einfach nicht. Und weil unser Unbewusstes das auch weiß, geht es vorsorglich in den Totstell-Modus.

Was wäre, wenn ...

In der Fliegerei gibt es die „What-if-Technik". Sullenberger hatte sich Hunderte Male vorher, wenn er ohne Problem in La Guardia gestartet ist, die Frage gestellt: „Was würde ich tun, wenn ..." Und genau diese Technik ist auch im normalen Leben hilfreich: Stell dir immer mal wieder – wie in einer Art Flugsimulator – zwei Fragen:
A: Was könnte alles passieren?
B: Wie könnte ich darauf reagieren?

Vorbereitung erleichtert Entscheidungen

Wenn du das regelmäßig tust, hast du in „überraschenden" Situationen, dann, wenn es drauf ankommt, einen entscheidenden Plan. Du hast nämlich schon Optionen und die Entscheidung wird viel leichter fallen.

Es gibt vier große Mythen über Entscheidungen, die sich hartnäckig halten, aber nicht zutreffend sind.

- Entgegen des „Alternativlos"-Mythos gibt es immer andere Optionen und mögliche Alternativen, die du nur erkennen und kreativ entwickeln musst.
- Entgegen des „Bewusst handeln"-Mythos ist es eine Tatsache, dass die meisten Entscheidungen nicht bewusst, sondern aufgrund von Gewohnheiten und persönlichen Mustern gefällt werden, wobei uns unser Autopilot leitet.
- Entgegen des „Rationale Entscheidungen"-Mythos haben Emotionen eigentlich immer Einfluss auf deine Entscheidungen, selbst bei vermeintlich „sachlichen" Themen. Um diese Bauch-Entscheidungen zu rechtfertigen, werden sie im Nachhinein rational begründet.
- Entgegen des „Talent"-Mythos gibt es nicht so etwas wie eine Veranlagung dafür, gut und leicht Entscheidungen treffen zu können. Vielmehr geht es um Training, Bewusstheit und Vorbereitung.

Welche Merkmale haben impulsive gegenüber kontrollierten Entscheidungen?

Seite 31

Was sind Wahrnehmungsverzerrungen (Cognitive Biases)?

Seite 36

Wie begründet die Sekundäre Rationalisierung eine Entscheidung?

Seite 42

3. Schnelles Denken, langsames Denken

Ich habe schon über Kopf- und Bauchentscheidungen gesprochen. Und ja, das Konzept ist für einen ersten Überblick sehr gut geeignet, es hat aber auch seine Lücken. Mehr und vor allem detailliertere Informationen bietet das Konzept von Daniel Kahnemann, das er schnelles Denken bzw. langsames Denken genannt hat.* Wie der Titel schon andeutet, beschreibt Kahnemann zwei Arten des Denkens. Beide haben Vorteile, beide haben Nachteile.

3.1 Impulsive versus kontrollierte Entscheidungen

Das, was Kahnemann das schnelle Denken nennt, kann man am ehesten mit den „Bauchentscheidungen" vergleichen. Du kennst das: Du kommst in eine Situation und hast sofort ein „komisches Gefühl". Irgendetwas stimmt nicht. Du weißt nicht was, aber es lässt dich vorsichtig werden. Im Nachgang stellst du dann fest, dass dein Gefühl dich nicht getäuscht hat, irgendetwas war faul. Und das ist dann der Moment, wo deine Umgebung dich erstaunt fragt, wie du das wissen konntest.

* Daniel Kahnemann: Schnelles Denken, langsames Denken – Penguin Verlag, 2016

Undifferenziertes Denken

Wie die Bezeichnung „schnelles Denken“ schon sagt, geht hier alles sehr schnell, dafür aber überhaupt nicht differenziert. Du hast einen spontanen, schnellen Impuls, was zu tun ist, oder aber ein gutes bzw. komisches Gefühl. Du weißt aber nicht warum. Und weil das Ganze so undifferenziert ist, kannst du natürlich auch keine Risikobewertung machen.

Das schnelle Denken basiert auf Erfahrungen, Gewohnheiten, aber auch Vorurteilen. Es gibt dir die Möglichkeit, schnelle Entscheidungen zu treffen, aber zeigt natürlich auch ein ordentliches Fehlerpotenzial.

Das langsame Denken

Der Gegenpol zum schnellen Denken ist (... Überraschung!) das langsame Denken. Kahnemann beschreibt das langsame Denken auch als „kontrolliertes Denken“, das heißt, man lenkt die Aufmerksamkeit bewusst auf bestimmte Aspekte eines Problems oder einer Herausforderung. Der kritische Punkt dabei ist, dass in dem Moment, wo du einen problematischen Aspekt analysierst, meistens weitere problematische Aspekte hochpoppen. Das heißt, du findest für ein Problem die Lösung, stößt dabei aber auf zwei neue.

Der erste Impuls ist oft der beste

Und hier siehst du auch schon den Nachteil: Das langsame Denken ist zwar unglaublich differenziert, es bezieht alle möglichen Faktoren mit ein, wägt rational ab – aber du musst nicht glauben, dass irgendjemand wartet, bis das langsame Denken zu einer Entscheidung gekommen ist. Oft ist es sogar so, dass du ein Problem hin und her wälzt, dir den Schädel darüber zermarterst, bis du dann das tust, was dein schnelles Denken dir schon vor einer ganzen Weile vorgeschlagen hat.

Das Geniale bei uns Menschen ist nun, dass uns beide Systeme zur Verfügung stehen und wir beide nutzen können, wir sollten halt nur wissen, wie. Beide Systeme sind nämlich fehleranfällig – und Fehler im Denken führen zu falschen Entscheidungen.

Hauptfehler des langsamen Denkens

Die größte Krux des langsamen Denkens ist gleichzeitig seine Stärke. Es bezieht alle möglichen Details in die Entscheidungsfindung mit ein. Leider oftmals so viele, dass wir völlig den Überblick verlieren und damit wie das Kaninchen vor der Schlange gelähmt sind und gar nichts mehr entscheiden können.

Hauptfehler des schnellen Denkens

Auch beim schnellen Denken ist die größte Krux gleichzeitig die größte Stärke. Das schnelle Denken ist nämlich Meister im Finden und Nutzen von Abkürzungen. Diese Abkürzungen sind super, wenn sie funktionieren, sie können dich aber auch auf den Holzweg oder in eine Sackgasse führen. Das schnelle Denken muss, um eine Entscheidung treffen zu können, natürlich auch auf Daten zurückgreifen, und deshalb kommen zu den Abkürzungen noch zwei weitere Effekte hinzu.

Emotionen hinterfragen

Kannst du dir vorstellen, dass du Situationen unterschiedlich beurteilst, wenn du wütend bist oder aber glücklich? Du wirst die Situationen unterschiedlich bewerten und eben auch andere Entscheidungen treffen. Ob wir es wollen oder nicht, unsere Emotionen haben einen starken Einfluss auf unsere Entscheidungen. Stell dir also immer die Frage: „Wie geht es mir?" bzw. „Welche Emotionen herrschen gerade in mir vor?", bevor du eine wichtige Entscheidung triffst.

Erfahrung als Handlungsleiter

Der zweite Punkt sind Erfahrungen. Der Psychologe Gary Klein hat sich in einer Untersuchung unter Feuerwehrleuten mit der Frage beschäftigt, was eigentlich Erfahrung ausmacht und wie man dieses Phänomen erklären kann.* Klein stellte fest, dass erfahrene Feuerwehrleute in kritischen Situationen schnell und intuitiv Entscheidungen treffen. Zum Beispiel ging es darum, dass diese Leute, während sie dabei waren, mit ihrer Mannschaft einen Brand zu löschen, nahezu unvermittelt das Kommando zum Räumen bzw. Rückzug gegeben haben. Kurz darauf stürzte das Haus ein. Wäre nicht rechtzeitig geräumt worden, hätten wahrscheinlich einige Feuerwehrleute ihr Leben verloren.

---

* Gary Klein: Sources of Power: How people make decisions, MIT Press, 1998

Das Unterbewusstsein leitet

Auf die Frage, warum sie diese Entscheidungen so getroffen haben, war die Antwort immer sinngemäß: „Keine Ahnung, ich hatte so ein Gefühl.“ Die psychologische Erklärung dafür ist, dass in jeder Situation gleichzeitig alle ähnlichen Situationen, die in deiner Erinnerung vorhanden sind, von deinem Unbewussten nach Abweichungen gescannt werden. Wenn du jetzt z. B. dieses Buch liest, hat dein Unterbewusstsein alle ähnlichen Situationen auf dem Schirm, die du jemals erlebt hast. Wenn jetzt etwas passiert, was nicht zusammenpasst, und sei es nur, dass sich das Papier anders anfühlt oder das Buch komisch riecht, dann wird dein Unbewusstes dir ein Zeichen schicken. Nachdem das Unbewusste aber nun mal unbewusst ist, kann das kein rationales Zeichen sein, sondern eben nur ein emotionales – dieses komische Gefühl.

Verzerrung der Wirklichkeit

Das Problem ist nun, dass deine Erfahrungen die Situation ganz schön verzerren können. Wenn du zum Beispiel mit einer Situation oder einem bestimmten Menschentypen sehr angenehme Erfahrungen gemacht hast, dann wirst du zukünftige Situationen mit einem Menschen, der ähnliche Merkmale aufweist, positiver bewerten – auch wenn dieser Typ überhaupt nicht gut für dich ist.

Umgang mit Neuem

Das zweite Problem, das Erfahrungen mit sich bringen, ist, dass wir heute oft in Situationen kommen, die schlicht neu sind. Für Dinge wie Künstliche Intelligenz oder virtuelle Realitäten haben die meisten Menschen jetzt, wenn ich dieses Buch schreibe, noch keine oder nur sehr wenige Vergleichserfahrungen. Das Unbewusste greift deshalb auf Erfahrungen in vermeintlich ähnlichen Situationen zurück, und die können natürlich völlig danebenliegen.

Es gibt noch eine ganze Reihe weiterer Verzerrungen. Mehr davon im nächsten Kapitel.

Im Modell von Kahnemann steht das schnelle Denken für die unbewussten Prozesse. Es bietet sehr schnell Lösungen, ist aber sehr undifferenziert. Das langsame Denken steht für die bewussten, rationalen Prozesse. Entscheidungen sind am besten, wenn beide Arten involviert sind.

3.2 Wahrnehmungsverzerrungen und Denk-Abkürzungen

Wenn wir eine Fehlentscheidung treffen, dann hat das normalerweise entweder etwas damit zu tun, dass uns Informationen fehlen, oder, dass wir vorhandene Informationen falsch bewerten bzw. verarbeiten. Im letzten Abschnitt haben wir uns schon um die Hauptfehlerquellen, nämlich Emotionen und Erfahrungen, gekümmert. Lass uns jetzt noch ein bisschen tiefer einsteigen und ansehen, wie wir Informationen wahrnehmen, verarbeiten und was die bösartigsten Fallen dabei sind. Im Englischen spricht man von Cognitive Biases, was im Deutschen (etwas einschränkend) als Wahrnehmungsverzerrungen bezeichnet wird. Im Folgenden habe ich dir die Biases/Verzerrungen aufgelistet, die den größten Einfluss auf Entscheidungen haben.

Korrelation vs. Kausalität

Korrelation tritt dann ein, wenn ein bestimmtes Ereignis mit einem bestimmten Ergebnis zusammenfällt. Zum Beispiel ist es auffällig, dass viele Menschen über die Weihnachtstage und den Jahreswechsel zunehmen. Das ist eine Korrelation. Kausalität bedeutet, dass ein bestimmtes Ereignis für ein Ergebnis ursächlich, also verantwortlich ist. Oft wird Korrelation aber mit Kausalität verwechselt. Dann würde zum Beispiel behauptet, dass der Jahreswechsel verantwortlich ist für die Gewichtszunahme. Nee, ist er nicht.

> Checke die Fakten genau. Bloß weil sich etwas plausibel anhört, heißt das noch lange nicht, dass es auch richtig ist.

Framing Effekt

Der Framing-Effekt besagt, dass eine Information in einen bestimmten Rahmen gesetzt wird und in diesem Kontext bewertet werden soll. Vereinfacht kennst du diesen Effekt: Wenn du eine Weile zu dünn angezogen in der Kälte warst, dann wird es dir im Haus wahrscheinlich wärmer vorkommen, als es objektiv ist.

Problematisch wird das, wenn dir z. B. ein Verkäufer nur sehr teure Produkte vorstellt und dann ein vermeintlich günstiges Angebot macht. Unser Gehirn hat die Tendenz, den Preis nun im Vergleich zu dem vorher gesetzten Rahmen zu sehen. Du kannst Framing überprüfen, indem du den Rahmen sprengst oder bewusst veränderst. Wenn du einen Preis zum Beispiel dazu in Relation setzt, wie lang du dafür arbeiten musst, könnten sich die Bewertung und damit die Entscheidung schnell verändern.

> Checke, wozu du die Fakten in Relation setzt, und mach den Gegencheck, indem du den Kontext veränderst.

Halo-Effekt

Halo ist das englische Wort für Heiligenschein bzw. Überstrahlung. Der Halo-Effekt beschreibt damit, dass eine bestimmte Eigenschaft alles andere überstrahlt. Wenn du beispielsweise mit einem Menschen ein sehr nettes Gespräch bei einem Empfang hattest und dieser Mensch ist am nächsten Tag dein Gesprächspartner, dann wird dieser „Sympathie"-Faktor ziemlich viel überstrahlen. Es könnte sein, dass du dann Warnsignale, die dich misstrauisch machen sollten, nicht mitbekommst. Auch hier ist die Gegentechnik wieder, dass du die Fakten in einen anderen Kontext packst. Wie würdest du dich zum Beispiel entscheiden, wenn ein anderer Mensch (der dir weit weniger sympathisch ist) die gleichen Informationen anbietet?

> Checke immer, in welchem Licht du Informationen siehst und ob eventuell einzelne Punkte alles überstrahlen.

Bestätigungsfehler/Confirmation Bias

Dieser Effekt hat sehr stark mit der selektiven Wahrnehmung zu tun.* Wenn dein Unbewusstes einmal eine Überzeugung gefasst hat, dann neigt es dazu, nur nach Informationen zu suchen, die diese Überzeugung bestätigen bzw. sie aufrechterhalten. Das Blöde dabei ist, dass wir dann widersprüchliche Informationen ignorieren, ausblenden oder sogar ablehnen. Dadurch wiederum wird die Überzeugung eher gefestigt als relativiert. Wenn du einmal mit einem überzeugten Verschwörungstheoretiker diskutiert hast, weißt du, was ich meine.

> Checke Informationen immer aus verschiedenen Blickwinkeln. Frage ggf. eine(n) Außenstehende(n) um seine/ihre Meinung und nimm diese dann auch ernst.

Emotionale Beweisführung

Die Verzerrung der „emotionalen Beweisführung" ist eigentlich den Emotionen als Unterpunkt zuzuordnen. Ich führe sie hier dennoch auf, weil sie eine sehr starke Wirkung hat und unter Umständen zu dramatischen Fehlentscheidungen führen kann. Hintergrund ist, dass Argumente oder Informationen stark mit Emotionen aufgeladen werden. Solche Emotionen können Wut, Angst, aber auch Begeisterung und Euphorie sein. Ein typisches Beispiel sind hier

* Wenn dich dieses Thema interessiert, findest du mehr dazu in meinem Buch: Kommunikation 3.0, GABAL Verlag, 2023

Informationen, die z. B. mit Bildern von weinenden Kindern unterlegt werden.

Aber auch im Alltag findest du diesen Effekt häufig, wenn Verkäufer stark mit deinen Träumen und Wünschen arbeiten. Wie immer ist die Gegentechnik, die Information frei von den Emotionen zu bewerten. Wie würdest du entscheiden, wenn du ganz allein aufgrund von Fakten entscheiden müsstest?

> Checke, inwieweit Emotionen deine Entscheidung beeinflussen. Sind diese Emotionen eventuell von einem anderen angeschoben worden?

Gruppenzwang

Was Gruppenzwang bedeutet, weiß wahrscheinlich jeder. Allerdings kommt dieser Effekt hinterhältiger daher, als uns bewusst ist. Wir neigen nämlich dazu, die (vermeintliche) Mehrheitsmeinung in unsere Entscheidung miteinzubeziehen. In Workshops erlebe ich das häufig. Ich stelle z. B. eine Abstimmungsfrage, bei der ich weiß, dass maximal zehn Prozent aller Anwesenden mit Ja stimmen. Häufig ist es dann so, dass die Ja-Sager sich dann umschauen, sehen, dass sie weitgehend alleine sind, woraufhin sie ihre Meinung korrigieren. Diese Korrektur erfolgt aber nicht aufgrund von Daten oder Fakten, sie erfolgt, weil das Unbewusste der Betroffenen eine Wahrscheinlichkeitsbetrachtung trifft: Wenn ich der/die Einzige mit dieser Meinung bin, ist es wahrscheinlich, dass ich falschliege.

Bubble Bias

Eine besondere Form dieser Verzerrung ist die Bubble Bias. Diesen Effekt gab es schon immer, er ist aber durch den Siegeszug von Social Media extrem verstärkt worden. Jede Social-Media-Plattform hat ein ganz einfaches Ziel: Du sollst so lang wie möglich auf der Plattform verweilen – je länger du da bist, desto mehr Werbung kann dir eingespielt werden. Um dieses Ziel zu erreichen, verwendet die Plattform einen Algorithmus, der versucht, dir möglichst nur Inhalte anzuzeigen, die dich interessieren und die du dann natürlich auch konsumierst. Jetzt liegt es in der Natur der Sache, dass du eher Inhalte konsumierst, denen du zustimmst, als solche, über die du dich aufregst. Der Algorithmus spielt dir also nur noch Informationen ein, die dich bestätigen. Dazu kommt, dass du wahrscheinlich eher von Menschen umgeben bist, die aus einem ähnlichen sozialen Milieu kommen und wahrscheinlich auch eher ähnliche Ansichten vertreten.

Zusammen genommen führt das dazu, dass du fast nur Informationen bekommst, die dich bestätigen, und zwar von allen Seiten. Am Ende ist es wahrscheinlich, dass du den Eindruck gewinnst, ALLE Menschen wären deiner Meinung bzw. die Mehrheit aller Menschen sieht ein Thema genauso wie du und vertritt die gleichen Meinungen und Ansichten.

Um besser zu entscheiden, ist es wichtig, möglichst viele und vor allem vielfältige Informationen zu bekommen. Suche vor allem nach Informationsquellen, die deinen Ansichten eher widersprechen.

Checke, woher du deine Informationen beziehst. Kann es sein, dass du in deiner Bubble feststeckst?

Meinungen statt Fakten

Wenn du alle diese Biases/Verzerrungen zusammennimmst und versuchst, einen gemeinsamen Nenner zu finden, dann ist es dieser: Wir lassen uns eher von Meinungen statt von Fakten leiten. Regelmäßig ist es sogar so, dass unser Unbewusstes uns dann Meinungen als Fakten vorspiegelt. Und nicht nur uns: Auch unsere Mitmenschen unterliegen diesem Effekt. Daher kommt der Spruch: Viel Meinung, aber wenig Wissen.

Es gibt eine große Anzahl von Wahrnehmungsverzerrungen und Fallstricken bei beiden Arten des Denkens, beim langsamen wie beim schnellen Denken. Diese Effekte können auf der einen Seite Abkürzungen sein, auf der anderen Seite führen sie zu deutlichen Fehlentscheidungen.

3.3 Was kannst du tun?

In der professionellen Luftfahrt gibt es das Konzept der Situational Awareness – des Situationsbewusstseins. Zu diesem Konzept gehört nicht nur, dass du weißt, wo du bist und wo du hinwillst, du solltest auch genau über dich, dein Flugzeug und alle limitierenden Faktoren Bescheid wissen.

Übertragen auf Entscheidungen bedeutet das, sich die Faktoren, die uns beeinflussen, bewusst zu machen. Allein das bewahrt dich schon vor vielen Fehlentscheidungen.

Erkenne eigene Muster

Jeder Mensch ist unterschiedlich und deshalb hat auch jeder Mensch unterschiedliche Muster und andere Lieblings-Verzerrungen. Du kannst für dich sehr viel lernen, wenn du vergangene Fehlentscheidungen oder auch Fehleinschätzungen analysierst. Warum hast du die Situation falsch eingeschätzt? Welcher Verzerrung bist du aufgesessen?

Aber Obacht: Es gibt noch zwei ganz besonders fiese Verzerrungen.

1. Sekundäre Rationalisierung

Erinnerst du dich noch an das Beispiel von den Managern und ihren PS-starken Autos? Wir treffen eine nicht rationale Entscheidung und im zweiten, aber eben erst im zweiten Schritt muss sich der Verstand abrackern, um diese Entscheidung rational zu begründen. Was mit dem Auto oder teuren Schuhen vielleicht noch ganz witzig ist, wird problematisch bei großen Fehlentscheidungen.

Du hast irgendeinen Mist gebaut oder erkennst, dass du dich in einer bestimmten Situation wirklich hättest anders verhalten, anders entscheiden sollen.

Rational wäre es jetzt sicher richtig, den Fehler einzugestehen, vielleicht sich zu entschuldigen und zu versuchen, die Dinge wiedergutzumachen oder zumindest Schadensbegrenzung zu betreiben. Die Chancen stehen aber hoch, dass dein Unbewusstes dir jetzt „gute“ Gründe anbietet, warum du dich nicht anders entscheiden konntest. Wir bauen uns Rechtfertigungen, Ausreden und Entschuldigungen. Das Schlimmste ist aber, dass wir so nicht aus der Fehlentscheidung lernen können und wahrscheinlich bei der nächsten ähnlichen Gelegenheit wieder vergleichbaren Mist bauen werden.

2. Die Retrospektiv-Verzerrung

Das Beste kommt zum Schluss – zumindest machen wir es uns jetzt schön. Deshalb achte darauf, dass du zu guter Letzt jetzt nicht noch dieser Bias erliegst: dem geschönten Blick zurück.

Wir neigen dazu, im Rückblick unsere Entscheidungen dem Gang der Dinge anzupassen. Das heißt, „wir haben es schon immer gewusst“ und hätten uns damals (wenn man uns gefragt hätte) ganz sicher richtig entschieden. Dass man früher vehement eine andere Meinung vertreten hat, wird jetzt, wie durch Zauberhand, aus dem Bewusstsein getilgt.

Bei Entscheidungen wirken immer zwei Kräfte: das schnelle Denken und das langsame Denken. Das erste steht für die unbewussten Prozesse, das zweite für die rational bewussten. Beide Prozesse haben Stärken, aber auch deutliche Schwächen. Und diese Schwächen solltest du kennen, um Fehlentscheidungen zu vermeiden.

- Beide Arten des Denkens bergen eine große Anzahl von Wahrnehmungsverzerrungen und Fallstricken, die sich negativ auf deine Entscheidungen auswirken können bzw. einer guten, richtigen Entscheidung im Weg stehen.
- Diese Effekte können also auf der einen Seite Abkürzungen sein, auf der anderen Seite führen sie zu deutlichen Fehlentscheidungen.
- Nicht zuletzt begründen wir falsche Entscheidungen gerne im Nachhinein rational, um nicht zugeben zu müssen, dass wir uns geirrt haben.
- Oder wir vergessen in der Retrospektive, dass wir früher auch keine besseren Entscheidungen getroffen hätten.

Wie helfen uns Werte dabei, gute Entscheidungen zu treffen?

Seite 48

Welche Fragen geben Orientierung bei schwierigen Entscheidungen?

Seite 49

Warum ist es wichtig, die Interessen anderer bei Entscheidungen zu berücksichtigen?

Seite 51

4. Navigation – Dein Kompass zu besseren Entscheidungen

So, nachdem wir uns im ersten Teil des Buches nun ausgiebig damit beschäftigt haben, was alles schiefgehen kann und warum wir Fehlentscheidungen treffen, wird es nun Zeit, darauf zu schauen, was du tun kannst – wie du also zur möglichst besten Entscheidung für dich kommst. Auch hier kommen wir wieder von der Basis zu den Details.

Wir reden ja von schwierigen Entscheidungen, also solchen, bei denen du eben nicht weißt, was richtig und was falsch sein wird. Um hier Klarheit zu bekommen, brauchst du als Erstes Orientierung. Sieh es mir bitte nach, wenn ich wieder ein Konzept aus der Fliegerei benutze, um zu zeigen, was ich meine: Wenn du Orientierung willst, musst du navigieren. Und um navigieren zu können, musst du vor allem wissen, wo du hinwillst.

4.1 Die richtige Richtung bestimmen

Was ist dein Ziel? Ja, ich weiß, das hört sich banal an. Es ist aber die absolute Grundvoraussetzung. Du musst wissen, wohin dich deine Entscheidungen steuern sollen. Und das gilt in allen Bereichen.

- Im Leben an sich – wenn du nicht weißt, wo du langfristig hinwillst, wie sollst du da die richtigen Entscheidungen treffen?

- Es gilt aber auch im Arbeitsleben – was ist z. B. das Ziel deiner Abteilung oder deines Unternehmens? Was ist das Ziel, dass ihr mit einem bestimmten Produkt verfolgt? Du solltest auch wissen, was deine Prioritäten sind. Was ist zum Beispiel wichtiger: Qualität, Kundenzufriedenheit oder Ertrag?

Wahrscheinlich merkst du, dass diese Fragen gar nicht so leicht zu beantworten sind. Die gute Nachricht ist aber: Wenn du dir die Mühe gemacht hast, sie überlegt zu beantworten, dann werden die nachfolgenden Entscheidungen viel leichter.

Werte – das (unbewusste) Navi

Jeder Mensch hat Werte, jede Organisation hat Werte. Das Problem ist aber, dass diese Werte meistens nicht bewusst sind. Sie werden – wenn überhaupt – erst offensichtlich, wenn du dagegen verstößt.

Kannst du spontan sagen, was deine Werte sind? Wenn du jetzt z. B. so etwas wie „Ehrlichkeit“ sagst, denk bitte noch mal darüber nach. Hast du dich schon mal bei einer Notlüge ertappt? Oder beim Schummeln? Oder dabei, dem Mitarbeiter des Ordnungsamtes eine Geschichte zu erzählen, nur damit du keinen Strafzettel bekommst? Verstehe mich bitte richtig. Mir geht es nicht darum, irgendein Urteil zu fällen. Wenn dir deine Werte jedoch bewusst sind, dann hast du einen hervorragenden Kompass, an dem du deine Entscheidungen ausrichten kannst.

Orientierung in schwierigen Situationen

Unabhängig von deinen Werten kannst du aber auch noch die folgende Checkliste benutzen. Sie hilft dir in solchen Situationen, in denen du wirklich nicht weißt, was du tun sollst, und dein Hirn Achterbahn fährt. Du befindest dich also in so einer Situation und bist unsicher, was du machen sollst. Stell dir als Erstes die Frage:

1. Was hält dich zurück?

Lass mich ein ganz banales Beispiel nehmen, um zu erklären, was ich meine: Stell dir vor, du siehst einen Menschen, den du unwahrscheinlich interessant und anziehend findest. Du würdest ihn/sie gern ansprechen, aber du kannst dir nicht den Ruck geben, es auch zu tun.

Was hält dich zurück? Sind das vielleicht solche Glaubenssätze wie „eine anständige Frau tut so etwas nicht" oder „ein richtiger Mann sollte …"?

Wenn du solche inneren Sätze hast, kannst du dich fragen, woher du sie hast. Wahrscheinlich sind sie dir irgendwann mal eingetrichtert worden und du schleppst sie seitdem mit dir herum. Dann wird es jetzt Zeit, diese Sätze über Bord zu werfen. Die haben nichts mit dir zu tun.

2. Was befürchtest du?

Die zweite Frage auf deiner Checkliste lautet: Was befürchtest du? Um in unserem Beispiel zu bleiben – vielleicht befürchtest du, dich zu blamieren oder dass dir nichts Vernünftiges einfällt, wenn du vor ihm/ihr stehst. Sammle diese Gedanken und übersteigere sie mit der dritten Frage:

3. Was könnte schlimmstenfalls passieren?

Und jetzt steigere das Ganze noch weiter. Was könnte schlimmstenfalls passieren? Was wäre das Worst-Case-Szenario und wie schlimm ist das wirklich? In unserem Beispiel könntest du einen ziemlich ruppigen Korb bekommen. Kannst du dir vorstellen, dass, wenn du irgendwann auf dein Leben zurückblickst, du dann diesen Korb zu den schlimmsten Erfahrungen deines Lebens zählen wirst?

Häufig ist es so, dass sich die Dinge plötzlich anders darstellen, wenn man sie mit ein bisschen Distanz betrachtet. Diese Distanz kannst du dir jederzeit und bei allen Themen verschaffen. Stell dir einfach folgende Frage: „Wenn ich in zehn Jahren auf diese Situation zurückblicke, was werde ich dann sagen?"

Wenn du in zehn Jahren drüber lachst, dann kannst du das ja eigentlich auch schon heute machen.

4. Was würde passieren, wenn du nichts tust?

Das ist die letzte Frage dieser Checkliste. Natürlich weißt du, dass keine Entscheidung auch eine Entscheidung ist – und die hat Konsequenzen. Was wird passieren, wenn du ihn/sie lange genug nicht ansprichst? Dann ist er/sie weg oder jemand anderes spricht ihn/sie an. Mit demselben Ergebnis: Er/Sie ist weg. Und wie geht es dir dann? Wenn das vielleicht wirklich der Mensch deiner Träume war – und du hast ihn/sie nicht angesprochen? Wie geht es dir dann, wenn du in zehn Jahren zurückschaust?

Wir haben die Tendenz, unser kurzfristiges Empfinden deutlich stärker zu gewichten als die langfristigen Konsequenzen.

> Checke die Frage: Wenn ich in zehn Jahren zurückschaue, was werde ich sehen?

Checkliste:
✓ Was hält dich zurück?
✓ Was befürchtest du?
✓ Was könnte schlimmstenfalls passieren?
✓ Was würde passieren, wenn du nichts tust?

Du kannst keine guten Entscheidungen treffen, wenn du nicht deine langfristigen Ziele kennst. Neben den Zielen sind auch deine Werte handlungsbestimmend. Beides steuert (oft unbewusst) deine Entscheidungen. Einige grundlegende Fragen unterstützen dich dabei, dich zu entscheiden.

4.2 Stakeholder und Saboteure

Natürlich solltest du in deiner Entscheidungsfindung nicht nur an dich denken, sondern möglichst an alle, die von deiner Entscheidung betroffen sind. Und dabei geht es mir jetzt gar nicht um den moralischen Anspruch, möglichst immer Gutes zu tun. Es geht ganz pragmatisch darum, richtig zu entscheiden. Und wenn deine Entscheidung oder dein Plan nachher von anderen zunichtegemacht wird, dann ist niemandem geholfen.

Interessen anderer identifizieren

Im Projektmanagement verwendet man den Begriff Stakeholder für alle, die irgendein Interesse an dem betreffenden Projekt haben. Das können Kunden sein, Mitarbeiter und Mitarbeiterinnen, Investoren und sogar Wettbewerber. Man versucht möglichst alle diese Stakeholder zu identifizieren und macht sich dann Gedanken über deren Interessen. In unserem Entscheidungsthema sind das alle, die irgendwie von der Entscheidung betroffen sind, aber auch Rahmenbedingungen und Parameter, die in irgendeiner Weise von Einfluss sind.

> Wenn du zum Beispiel die nächste Urlaubsreise planst, dann sind die Betroffenen zunächst einmal natürlich alle Familienmitglieder. Im ungünstigsten Fall haben alle unterschiedliche Interessen, die du irgendwie unter einen Hut bringen musst. Es bringt dir nichts, wenn du im Alleingang den Wanderurlaub entscheidest und deine pubertierende Tochter dir aus Rache dafür dann die Hälfte deines Urlaubs zur Hölle macht.

Es gibt aber noch weitere relevante Rahmenbedingungen, z. B. das Budget. Oder aber die Erreichbarkeit des Ziels oder, oder, oder.

Sabotage verhindern

Ja, die Stakeholder-Analyse ist aufwendig. Und ja, sie ist in erster Linie bei komplexen Entscheidungen sinnvoll, von denen mehrere Personen oder Interessensgruppen betroffen sind. Gerade hier ist sie aber halt auch wirklich wichtig. Wenn du nämlich Betroffene ignorierst und gegen ihren Willen oder gegen ihre Interessen entscheidest, dann werden aus Stakeholdern ganz schnell Saboteure. Und das kannst du wirklich nicht wollen.

Es fällt schwer, Entscheidungen zu treffen, wenn man seine langfristigen Ziele und seine handlungsleitenden Werte nicht kennt. Beide steuern (oft unbewusst) unsere Entscheidungen.

- Gezielte Fragen – Was hält mich zurück? Was befürchte ich? Was kann passieren, wenn ich etwas tue bzw. nicht tue? – helfen bei der Entscheidungsfindung.
- Die wenigsten Entscheidungen können aber wirklich im Alleingang getroffen werden. Es gilt auch die Interessen anderer zu berücksichtigen, die von meiner Entscheidung betroffen sind.
- Sie könnten sich sonst zu Saboteuren entwickeln.
- Der wichtigste Betroffene bist aber du selbst. Stelle deshalb sicher, dass deine Entscheidungen mit deinen Werten und deinen Zielen übereinstimmen.

Was sind geeignete Werkzeuge für bessere Entscheidungen?

Seite 57

Welche kreativen Methoden zur Entscheidungsfindung gibt es?

Seite 64

Wie hilft eine Kosten/Nutzen-Analyse bei der Bewertung der Optionen?

Seite 68

5. Werkzeuge für bessere Entscheidungen

Es gibt jede Menge Strategien, Werkzeuge und Hilfsmittel für bessere Entscheidungen. Welche davon du wählst, hängt natürlich von der Art der Entscheidung ab, um die es geht, aber auch von den Rahmenbedingungen und natürlich deinen Zielen. Im Folgenden findest du eine Auswahl der nützlichsten Tools, aber zuerst fassen wir noch einmal die Grundstrategie zusammen.

5.1 Grundstrategie für Entscheidungen

1. Definiere das Problem und das Ziel
Was auf den ersten Blick abstrakt klingt, hat extrem weitreichende Folgen. Vergegenwärtige (bei schwierigen Entscheidungen) immer erst einmal, worum genau es eigentlich geht und was deine langfristigen Ziele sind.

2. Sammle Informationen
Es liegt auf der Hand: Je mehr Informationen, Daten und Fakten du hast, umso besser kannst du nachher eine fundierte Entscheidung treffen. Sammle also möglichst alle verfügbaren Informationen, aber achte darauf, die Informationen in diesem Schritt noch nicht zu bewerten, also kein „das klappt eh nicht“, „viel zu teuer“ usw.

3. Wäge die Optionen gegeneinander ab

In diesem Schritt geht es zuerst noch einmal darum, Optionen und Alternativen zu sammeln. Denke daran: Es gibt immer Alternativen. Versuche so viele wie möglich zu finden. Im zweiten Schritt checkst du, ob die Optionen mit deinen Zielen und Prioritäten zusammenpassen, und dann wägst du sie gegeneinander ab (im nächsten Abschnitt findest du einige Werkzeuge, die dir dabei helfen).

4. Checke die Auswirkungen

Im letzten Schritt hast du die Anzahl deiner Optionen eingeschränkt. Jetzt checkst du die verbliebenen Optionen daraufhin, welche Auswirkungen sie auf dein Umfeld und die Betroffenen (Stakeholder) haben und dein Vorhaben ggf. blockieren könnten. Diese Auswirkungen kannst du dann z. B. in eine Pro-und-Kontra-Liste einbeziehen (optional).

5. Triff eine Entscheidung

Wenn du fliegen willst, musst du starten. Bei einer schwierigen Entscheidung wirst du immer eine Restunsicherheit haben. Wäre diese Unsicherheit nicht da, wäre es keine Entscheidung.

Wenn du den Prozess bis hierher sorgfältig gegangen bist, dann wird es jetzt Zeit, loszulaufen. Du kannst die größten Risiken im Auge behalten, um wenn nötig gegenzusteuern, aber geh los!

6. Überprüfe deine Entscheidung

Bei jeder schwierigen Entscheidung ist Unsicherheit dabei. Das hast du jetzt schon ein paarmal gehört. Konkret bedeutet das aber, dass deine Entscheidung vielleicht nicht die erwünschten Resultate zeigt.

Ich habe bewusst nicht gesagt, dass die Entscheidung falsch war – in dem Moment, in dem du sie getroffen hast, war sie richtig. Oft zeigen sich Auswirkungen aber erst später. Wenn du merkst, dass deine Entscheidung nicht die Ergebnisse zeigt, die du dir wünschst, dann musst du aktiv werden. Vielleicht kannst du deine Entscheidung korrigieren oder zumindest Schadensbegrenzung betreiben. Vielleicht ergeben sich aber durch deine Entscheidung neue Möglichkeiten. Überprüfe in jedem Fall deine Entscheidung und justiere ggf. nach.

Sechs grundlegende Schritte unterstützen dich dabei, gute und richtige Entscheidungen zu treffen: Definieren von Problem/Ziel – Sammeln von Informationen – Optionen abwägen – Auswirkungen prüfen – Entscheidung treffen – Entscheidung prüfen.

5.2 Werkzeuge

Pro-und-Kontra-Liste

Die Pro-und-Kontra-Liste ist ein sehr einfaches, aber gleichzeitig sehr wirkungsvolles Werkzeug: Nimm dir ein leeres Blatt Papier und schreibe als Überschrift, um was es in der Entscheidung geht. Ziehe dann in der Mitte eine Linie von oben nach unten. Auf die eine Seite schreibst du nun alles, was gegen die Entscheidung spricht, auf die andere alles, was dafür spricht. Denk auch hier wieder daran, nicht zu bewerten. Es geht darum, alle Pros und Kons zu sammeln. Bewerten kannst du später.

Klarheit und Übersicht gewinnen

Die Pro-und-Kontra-Liste dient vor allem dazu, deinen Kopf klar zu kriegen und dafür zu sorgen, dass sich deine Gedanken nicht ständig im Kreis drehen. Aber natürlich ist das nur der eine Effekt. Der zweite Effekt ist, dass du viel mehr Übersicht gewinnst. Oft ist es so, dass allein dadurch, dass du plötzlich alle Vor- und Nachteile übersichtlich vor Augen hast, die Entscheidung klar wird.

Entscheidungsmatrix

Eine komplexere Form der Pro-und-Kontra-Liste ist die Entscheidungsmatrix. Die Stärke dieser Technik ist es, verschiedene Optionen miteinander zu vergleichen. Um eine Entscheidungsmatrix sinnvoll erstellen und nutzen zu können, brauchst du deswegen auch auf jeden Fall schon mal verschiedene Optionen. Du musst dir außerdem im Klaren sein, welche Kriterien für dich relevant sind. Falls du hier noch unsicher bist, kannst du z. B. noch mal eine Mindmap machen oder du schaust dir die Abschnitte über Brainstorming oder Kreativitätstechniken an.

Anleitung zur Matrix-Erstellung

Hier kommt eine Schritt-für-Schritt-Anleitung zum Erstellen einer Entscheidungsmatrix. Unterstellen wir, du suchst einen neuen Job und hast drei Angebote, zwischen denen du dich entscheiden musst.

Schritt 1:
Erstelle eine Tabelle, in der deine **Optionen** die Spalten sind. Job A, Job B und Job C stehen jetzt also nebeneinander. Zwischen den einzelnen Optionen lässt du jeweils ein bis zwei Spalten Platz.

Schritt 2:
Trage jetzt deine **Kriterien** als Zeilen ein. Kriterien könnten zum Beispiel sein: Gehalt, Aufstiegsperspektiven, Länge des Arbeitswegs, Wie interessant ist das Thema? usw. Die Kriterien stehen jetzt also untereinander.

Schritt 3:
Nun gewichtest du jedes Kriterium auf einer **Skala** von 0 bis 10, bezogen darauf, wie wichtig es dir ist. Null bedeutet, dass das Kriterium überhaupt nicht wichtig ist, zehn bedeutet extrem wichtig. Diese Wertung kommt in die erste Spalte, direkt neben die Kriterien und vor der ersten Option.

Schritt 4:
Jetzt bewertest du jede Option im Hinblick darauf, wie stark sie das entsprechende Kriterium **erfüllt**. Bei Job A ist z. B. das Gehalt super, bekommt also eine 10. Bei Job B ist das Gehalt gut, aber du flippst nicht aus, das könnte eine 7 sein.

Schritt 5:

Multipliziere jetzt die Wichtigkeit mit der Bewertung der Option. Wenn du dein Gehalt z. B. mit 8 gewichtet hast, dann wäre das Ergebnis bei Job A jetzt 80 und bei Job B 56. Trage die jeweiligen Ergebnisse jetzt in die freie Spalte neben der Option ein.

Schritt 6:

Addiere die jeweiligen Ergebnisse pro Option und du erhältst ein gewichtetes Ergebnis.

	Wichtigkeit	Job A	Bewertung	Job B	Bewertung	Job C	Bewertung
Gehalt	8	10	80	7	70	3	24
Perspektive	10	4	40	8	80	10	100
Arbeitsweg	4	4	16	7	18	2	8
Ergebnis			136		168		132

Abb. 1: Beispiel-Entscheidungsmatrix: Entscheidung zwischen 3 Jobangeboten

In unserem Fall wäre also Job B der klare Gewinner. Aber du bist mit dem Ergebnis nicht glücklich? Vielleicht probierst du die alternative Gewichtung.

Schritt 6a:

Du bewertest nicht auf einer Skala von 0 bis 10, sondern du vergleichst die Kriterien direkt miteinander. Um das zu tun, gibst du allen Kriterien erst mal eine 1, das heißt, alle sind gleichwertig. Nun gibt es aber Kriterien, die dir wichtiger, und andere, die dir weniger wichtig sind. Wenn 1 quasi die Null-Linie ist, dann hast du jetzt Werte, die höher oder niedriger sind.

Vielleicht ist dir die Perspektive superwichtig, dann gibst du hier eine 2. Das Gehalt ist dir nicht unwichtig, aber du wärst bereit, Abstriche zu machen, also bleibst du bei 1. Der Arbeitsweg ist dir weniger wichtig als die anderen Kriterien, also vergibst du hier eine 0,7.

Nun schaut unsere Tabelle so aus:

	Wichtigkeit	Job A	Bewertung	Job B	Bewertung	Job C	Bewertung
Gehalt	1	10	20	7	7	3	3
Perspektive	2	4	8	8	16	10	20
Arbeitsweg	0,7	4	2,8	7	4,9	2	5,6
Ergebnis			30,8		27,9		28,6

Abb. 2: Entscheidungsmatrix mit direktem Vergleich aller Optionen

Du siehst, hier liegen die Ergebnisse deutlich näher beieinander und ein einzelnes Kriterium sprengt nicht mehr so leicht die ganze Bewertung.

Du erkennst aber auch das Grundproblem all dieser Matrizen – wir können unsere emotionale Bewertung nicht ausschalten.

Ich habe vor Jahren mal ein Seminar mit Ingenieuren gemacht, die entscheiden mussten, bei welchem Lieferanten sie Maschinen, in dem Fall Generatoren, kaufen sollten. Als Anbieter kamen ein deutscher Lieferant und ein italienischer Lieferant infrage. Meine Ingenieure erstellten also eine sehr umfangreiche Entscheidungsmatrix und der Gewinner war: der Italiener. „Überraschenderweise" waren meine Jungs mit dem Ergebnis derart unzufrieden, dass sie die nächsten zwei Stunden damit zubrachten, den „Fehler" in der Matrix zu suchen. Und das machten sie so lange, bis endlich ihr Favorit, der deutsche Anbieter, mehr Punkte hatte als der Wettbewerber.

Auf die Kriterien kommt es an

Keiner von uns ist vor diesem Effekt gefeit. In den letzten Kapiteln hast du schon genug über Cognitive Biases gelesen, dass du jetzt weißt, warum so etwas passiert. Achte deshalb immer darauf, deine Kriterien sorgfältig auszuwählen, und mach dir dann wirklich Gedanken darüber, wie du sie bewertest. Und dann: Nimm das Ergebnis ernst.

SWOT

Die SWOT-Analyse ist eine besondere Form der Entscheidungsmatrix. Sie wurde in den 1960ern als Werkzeug für strategische Entscheidungen entwickelt. Meistens wird die SWOT-Analyse als Quadrant dargestellt, bei dem jedes einzelne Feld für einen Buchstaben steht.

S: Strengths – Stärken

Im ersten Schritt analysierst du die Stärken der Option. Welche Vorteile bietet sie dir? Was funktioniert gut?

W: Weaknesses – Schwächen

Nun untersuchst du die Schwächen. Was sind die Nachteile? Was funktioniert nicht so gut? Wo schränkt dich die Option ein?

O: Opportunities – Chancen

Welche Chancen beinhaltet die Option? Welche Möglichkeiten tun sich auf? Welche Synergien könnten sich dabei ergeben? Wie könnte dir die Option in der Zukunft nutzen?

T: Threats – Gefahren/Risiken

Welche Risiken beinhaltet die Option? Wo sind Gefahren? Was könnte eventuell schiefgehen? Welche Folgen hätte das? Bei diesem Punkt geht es aber auch um Gefahren und Risiken, die im Umfeld lauern. Wie könntest du oder könnte das Projekt angegriffen werden? Wo sind offene Flanken, die geschlossen werden sollten?

Maßnahmen entwickeln

Wenn du diese Analyse abgeschlossen hast, kannst du überlegen, wie die einzelnen Faktoren miteinander verbunden sind und wie sie sich gegenseitig beeinflussen. Du kannst dann Maßnahmen entwickeln, um die Gefahren abzumildern oder auszuschließen, die Stärken zu betonen, die Schwächen auszugleichen und die Chancen zu nutzen.

Checklisten

Checklisten sind natürlich wieder ein klassisches Werkzeug aus der Luftfahrt. Entwickelt wurden sie, als Flugzeuge deutlich komplexer wurden und dadurch die Fehlerhäufigkeit extrem zunahm. Es liegt auf der Hand, dass es sinnvoll ist, Fehler möglichst zu vermeiden, nicht nur in der Fliegerei. Checklisten kommen deshalb bei uns bei allen Routineprozessen bzw. allen wiederkehrenden Entscheidungen zum Einsatz.

Was ist alles relevant?
Du erstellst eine Checkliste einfach, indem du alle Punkte, die beachtet werden müssen, sammelst und auf eine Liste schreibst. In der kritischen Phase hast du dann ein Werkzeug, das sicherstellt, dass du an alles denkst und kein wichtiger Punkt bei der Entscheidung hinten runterfällt.

Es gibt eine ganze Reihe von Werkzeugen, um Entscheidungen nachhaltig besser zu machen. Je nach Art der Entscheidung können das Pro-und-Kontra-Listen, Checklisten, aber auch komplexe Entscheidungsmatrizen sein.

5.3 Kreative Techniken

Ich hatte es weiter oben ja schon angekündigt: Um möglichst viele Optionen und Kriterien zu finden, aber auch, um Aspekte zu finden, die vielleicht nicht auf den ersten Blick ersichtlich sind, ist es sinnvoll, Kreativitätstechniken anzuwenden.

Mindmapping

Mindmapping kann man am besten als „Gedankenkarte erstellen" übersetzen. Es ist eine kreative Technik, die dazu dient, Ideen und Gedanken zu sammeln und zu strukturieren. Sie hilft aber auch dabei, weitere Ideen zu entwickeln, indem sie Assoziationen auslöst und so die Kreativität anregt.

Mindmap entwickeln

Du startest eine Mindmap, indem du ein Blatt im Querformat nimmst und dein Thema in die Mitte schreibst. Von diesem Thema gehen die Hauptäste, also die wichtigsten Ideen ab. Aus den Hauptästen entwickeln sich die Unteräste mit Aspekten des jeweiligen Themas. Und wenn du magst, können aus den Unterästen noch Zweige erwachsen, die Details oder Einzelheiten darstellen.

Die Entwickler der Methode empfehlen, beim Erstellen einer Mindmap Farben und Symbole zu verwenden, da diese visuellen Elemente die Kreativität noch zusätzlich anregen.

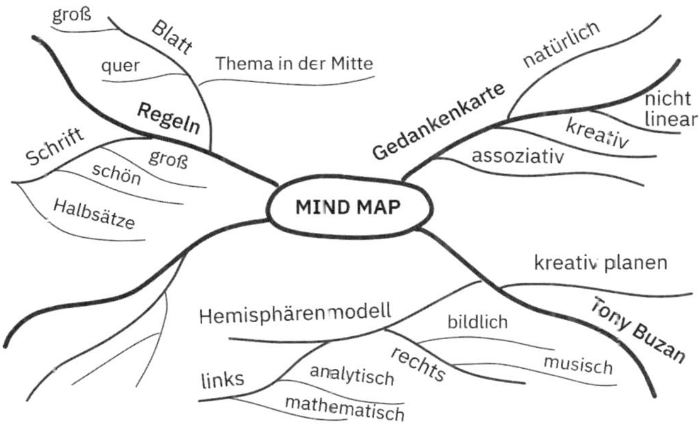

Abb. 3: Beispiel-Mindmap

Software nutzen

Es gibt inzwischen eine ganze Reihe von Software-Lösungen für Mindmaps. Viele davon sind kostenlos, aber fast alle bieten den großen Vorteil, dass deine Fläche, im Gegensatz zu Papier, nicht begrenzt ist. Und das kann sehr vorteilhaft sein, wenn die Kreativität mal so richtig losschießt.

Walt-Disney-Methode

Wie der Name schon vermuten lässt, geht diese Methode auf Walt Disney zurück. Er nutzte die Methode für viele Entscheidungen rund um seine Filme und Themenparks. Der Charme dieser Technik liegt darin, dass man eine Idee oder ein Konzept aus verschiedenen Perspektiven betrachten kann, ohne sich dabei den Kopf zu zermartern. Disney benutzte drei Perspektiven: den Träumer, den Realisten und den Kritiker.

Es ist hilfreich, die Positionen wirklich voneinander zu trennen. Disney benutzte sogar regelmäßig drei verschiedene Stühle, von denen jeder für eine Perspektive stand, wobei Disney auch jeweils den entsprechenden Stuhl einnahm, wenn er aus dieser Perspektive heraus agierte.

Der Träumer

Im ersten Schritt fängst du mit dem Träumer an. Setz dich auf den entsprechenden Stuhl und/oder verinnerliche die Rolle. Jetzt geht es darum, so viele Ideen wie möglich zu sammeln. Lass deiner Fantasie freien Lauf, wie der Name schon sagt, können die Ideen ruhig fantastisch sein.

Wichtig ist, dass du hier frei von Bewertungen agierst. Der Kritiker ist eine andere Rolle, die gleichberechtigt ist. Er kann also den Träumer ruhig träumen lassen, schließlich kommt er auch gleich zu Wort.

Der Realist

Im zweiten Schritt geht es darum, die Ideen des Träumers daraufhin zu überprüfen, ob sie realistisch umsetzbar, also machbar sind. Realistisch heißt hier in einer angemessenen Zeit und mit den Ressourcen, die zur Verfügung stehen.

Der Realist kann auch nach Alternativen schauen, wenn einzelne Punkte zu fantastisch sind. Vielleicht sind sie ja mit einigen Änderungen doch machbar.

Der Kritiker

Im dritten Schritt kommt nun endlich der Kritiker zu Wort. Jetzt können alle Bedenken, Zweifel und Risiken genannt werden. Es geht aber auch darum, die Ideen und Ansätze noch einmal kritisch zu hinterfragen. Wichtig ist es auch hier, den Bedenken ausreichend Platz zu lassen. Nichtsdestotrotz sollte der Kritiker auch nach Alternativen suchen oder nach Ansätzen, wie man Optionen doch noch realisieren kann.

Ideen eine Chance geben

Das Gute an dieser Methode ist, dass sie wirklich eine Struktur in den kreativen Entscheidungsprozess bringt. Grundsätzlich bist du frei, in welcher Reihenfolge du die Rollen durchläufst. Nach meiner Erfahrung bringt die Reihenfolge Träumer ⇨ Realist ⇨ Kritiker aber die besten Resultate.

Dadurch, dass alle Rollen wirklich zu Wort kommen, können sich einzelne Ideen wirklich entfalten, die sonst vielleicht sofort zerredet worden wären.

Trennen von Sammeln und Bewerten
Die wahrscheinlich wichtigste Regel bei allen kreativen Techniken ist aber, dass du das Sammeln von Ideen oder Ansätzen von der Bewertung trennst. In dem Moment, in dem eine Idee (negativ) bewertet wird, hört das Hirn meistens auf, neue Ideen zu produzieren.

Kreative Techniken helfen dabei, zusätzliche Optionen, Alternativen und Sichtweisen zu finden. Und es liegt auf der Hand: Je mehr Entscheidungsoptionen du hast, umso besser kann das Ergebnis werden.

5.4 Kosten/Nutzen-Analyse

Eine letzte Methode, die ich hier vorstellen möchte, ist die Kosten/Nutzen-Analyse. Diese Methode verfolgt einen ganz pragmatischen Ansatz, indem sie die Kosten eines Projektes bzw. einer Idee in Relation zum potenziellen Nutzen setzt.

Auf der Seite der Kosten musst du natürlich auch die Risiken betrachten. Es kann durchaus sein, dass ein Konzept sehr niedrige Kosten aufweist, aber gleichzeitig mit extremen Risiken verbunden ist. Und diese Kosten schlagen natürlich voll zu, falls irgendetwas schiefgehen sollte.

Pareto-Methode

Eine Unterform der Kosten/Nutzen-Analyse ist die Pareto-Methode. Du kennst sicher das gleichnamige Prinzip: Mit 20 Prozent des Aufwandes generieren wir 80 Prozent des Ergebnisses. 80 Prozent des Aufwandes wenden wir dann auf, um die letzten 20 Prozent zu erwirtschaften.

Übertragen auf Entscheidungen bedeutet das Folgendes: Manchmal ist es sinnvoll, schnell zu entscheiden und ggf. ein Risiko einzugehen. Das gilt natürlich nur, solange das Risiko überschaubar ist und der potenzielle Nutzen deutlich höher.

Der Aufwand, den wir betreiben würden, wenn wir uns nicht entscheiden, wäre viel höher.

Gute Entscheidungen entstehen nur selten durch Zufall. Sechs grundlegende Schritte – vom Definieren des Problems oder Ziels über das Abwägen von Optionen bis zur Überprüfung der Entscheidung helfen bei der Bewertung. Außerdem gibt es eine Reihe von Techniken und Werkzeugen, mit denen Optionen gegeneinander abgewogen werden können, um eine tragfähige und gute Entscheidung zu treffen.

- Mit einer Pro-und-Kontra- oder einer Checkliste, einer Entscheidungsmatrix oder Swot-Analyse fällt die Entscheidung leichter.
- Kreative Techniken wie Mindmapping oder die Walt-Disney-Methode helfen dabei, eine Entscheidung oder auch gangbare Alternativen zu finden.
- Die Kosten/Nutzen- bzw. Chancen/Risiko-Analyse ist ein wichtiger Punkt bei der Bewertung von Optionen. Wenn das Risiko sehr niedrig ist, ist es sinnvoll, eine Entscheidung ohne Aufschub zu treffen, auch wenn es noch Risiken gibt.

Wie treffen Piloten und Pilotinnen ihre Entscheidungen im Cockpit?

Seite 71

Was tun, wenn nicht genügend Fakten und Informationen zur Verfügung stehen?

Seite 75

Kann man sich auf schwere Entscheidungen vorbereiten?

Seite 78

6. Der Entscheidungs-Masterplan

Wir haben jetzt viel über die Psychologie von Entscheidungen und über Werkzeuge und Methoden gesprochen. Im letzten Kapitel geht es nun darum, die Punkte zusammenzufassen.

Ich werde dir zwei umfassende Konzepte vorstellen. Eins davon kommt aus der Fliegerei und wird von jedem Piloten aus dem Effeff beherrscht. Das zweite Konzept ist FEAR, eine Methode, die ich während der Corona-Pandemie entwickelt habe. Viele meiner Kunden waren damals in extrem schwierigen Situationen, die ebenso schwierige Entscheidungen erforderten. Aber eins nach dem anderen.

6.1 FORDEC – Die Cockpit-Methode

Die professionelle Fliegerei ist heute weitgehend standardisiert, dein nächster Urlaubsflug wird also mit ziemlicher Sicherheit routiniert und ohne besondere Vorkommnisse ablaufen.

Ganz selten gibt es aber Situationen, die außerhalb der Routine laufen – und hier sind die Piloten und Pilotinnen voll gefordert. Sobald irgendein Problem auftritt oder etwas schiefläuft, müssen Entscheidungen getroffen werden. Wichtige Entscheidungen in kurzer Zeit, und Fehler sind tödlich. Wie gesagt, im fliegerischen Alltag kommt das so gut wie nie vor. Nichtsdestotrotz trainieren Piloten und Pilotinnen solche Szenarien immer und immer wieder im Simulator – auch wenn sie dieses Training im echten Leben vielleicht nie brauchen werden.

Zeitkritisch – ja oder nein?

Damit, wenn es drauf ankommt, nichts schiefgeht, wenden wir im Cockpit ein **zweistufiges Verfahren** an.

Im ersten Schritt geht es um eine ganz einfache, schnell zu treffende Einschätzung:

Ist das Problem zeitkritisch oder zeitunkritisch?

Sofortiges Handeln oder Analyse

Es gibt Probleme, die verlangen ein sofortiges Handeln. Wenn zum Beispiel ein Triebwerk brennt, dann muss man ohne Verzögerung eine Löschsequenz durchführen. Das ist ein klassisches zeitkritisches Problem. Wenn es aber z. B. Schwierigkeiten mit dem Fahrwerk gibt, dann ist das nicht zeitkritisch. In diesem Fall starten wir durch, gehen in eine Warteschleife und analysieren das Problem.

Zeitkritische Probleme

Wenn das Problem zeitkritisch ist, dann wird im Cockpit überhaupt keine Entscheidung getroffen. Das klingt jetzt wahrscheinlich etwas überraschend (und ja, es ist auch etwas vereinfacht), aber bei einem zeitkritischen Problem hast du keine Zeit für einen rationalen Entscheidungsprozess. Bei einem zeitkritischen Problem machen wir das, was wir vorher trainiert haben.

Als Kapitän Sullenberger seinen A320 auf dem Hudson River landete, hatte er 208 Sekunden vom Ausfall der Triebwerke bis zum Aufsetzen auf dem Hudson.

Kein Mensch auf der Welt ist in dieser kurzen Zeit in der Lage, ein Problem voll zu erfassen, verschiedene Handlungsoptionen zu entwickeln, diese gegeneinander abzuwägen, eine Entscheidung zu treffen, dann einen Maßnahmenplan abzuleiten und den dann auch noch durchzuführen.

Reaktionen vorher planen

Bei zeitkritischen Problemen machen wir das, was wir vorher trainiert haben – das, was wir uns VORHER überlegt haben. Und hier siehst du schon das Problem: Dass diese Technik funktioniert, setzt voraus, dass wir uns vorher etwas überlegt haben. Wenn du im Flugzeug in eine Krise gerätst und du hast keinen Plan, dann hast du ein echtes Problem.

Pläne sind überlebenswichtig

Was im Flugzeug völlig normal ist, löst im normalen Business immer wieder Staunen aus. Wenn ich Vorträge vor Unternehmerinnen und Unternehmern halte, frage ich beispielsweise manchmal: „Gibt es einen Plan, was zu tun ist, wenn Ihr wichtigster Kunde ausfällt (zum Beispiel durch Insolvenz)? Oder wenn die Bank Ihnen die Kreditlinie streicht? Oder wenn Sie selbst einen Unfall haben und vier Wochen lang nicht kommunizieren können? Gibt es da einen Plan, was zu tun ist, oder bricht Panik aus?“ Du ahnst die Antwort.

Der Krisensimulator

Piloten müssen regelmäßig in den Flugsimulator. Warum begeben sich Unternehmen nicht regelmäßig in so etwas wie einen Krisensimulator? Die Verantwortlichen setzen sich zusammen und machen eine Art Negativ-Brainstorming. Was könnte alles passieren? Was könnte zu einer Bedrohung werden? Die Ergebnisse werden gesammelt, geclustert und gewichtet. Und dann entwickelt man für die gravierendsten Themen einen Plan und Checklisten. Im Zweifelsfall gibt dir dieser Plan Entscheidungssicherheit. In jedem Fall gibt er dir eine erste Richtung.

Zeitunkritische Probleme

Wenn das Problem zeitunkritisch ist, dann heißt das natürlich nicht, dass wir uns jetzt entspannt zurücklehnen können. Wenn man nur genug wertvolle Zeit vergehen lässt, wird jedes Problem irgendwann zeitkritisch. Aber wir können die Entscheidung strategisch angehen, und dabei nutzen wir im Cockpit das FORDEC-Prinzip, das ich dir nun vorstellen werde.

Es gibt zeitkritische und zeitunkritische Entscheidungsthemen. Bei zeitunkritischen Themen kannst du abwägen und Entscheidungswerkzeuge anwenden. Auf zeitkritische Themen musst du vorbereitet sein, sonst verlierst du wertvolle Zeit. Vorbereiten kannst du dich z. B. in einem Krisensimulator.

6.2 Das FORDEC-Prinzip im Einzelnen

FORDEC ist ein sechsstufiges Verfahren, das aus den Elementen
Facts ➤ Options ➤ Risks & Benefits ➤ Decision ➤ Execution ➤ Check besteht.
Die Reihenfolge ist festgelegt und wird nacheinander abgearbeitet.

Facts
Im ersten Schritt werden die Fakten analysiert. Wenn du dich an das Kapitel mit den Cognitive Biases zurückerinnerst, dann weißt du, wie viele Möglichkeiten der Fehlinterpretation es gibt. Lass mich als Beispiel für das Durchspielen der sechs Schritte noch einmal die Hudson-Landung nehmen. Das Beispiel hinkt zwar, weil es im echten Leben ein zeitkritisches Thema war und Sullenberger das tat, was er vorher im Geiste immer wieder durchgespielt hat. Nichtsdestotrotz referenziert er selbst auf FORDEC und das Beispiel taugt allein deshalb schon sehr gut, weil es jeder kennt. Bei den Fakten gilt es hier vor allem die Annahmen zu überprüfen. Z. B.: Sind beide Triebwerke wirklich komplett ausgefallen oder ist nur die Leistung vermindert?

Achte darauf, dass du wirklich mit Fakten arbeitest und sie nicht mit Annahmen oder Meinungen verwechselst.

Options
Dann geht es darum, die Optionen zu sammeln. In unserem Fall hatte die Crew mindestens drei Optionen:

- zurück nach La Guardia, also zu dem Flughafen, von dem sie gestartet waren
- weiter nach Teterboro, das ist ein Flughafen in New Jersey, also einmal über den Hudson drüber
- Landung auf dem Hudson

Wenn jetzt noch Zeit gewesen wäre, hätte ein Handlungsschwerpunkt sicher auf dem Finden weiterer Optionen gelegen.

Risks & Benefits

In diesem Schritt geht es darum, Risiken und Chancen gegeneinander abzuwägen. Im Hudson-Beispiel sieht das so aus:

La Guardia:	Aerodynamisch sicher eine gute Option; ein Flugzeug steigt unter Volllast steiler, als es im Segelflug sinkt. La Guardia könnte also erreicht werden. Risiko: Der Flughafen ist umgeben von dicht besiedeltem Gebiet. Wenn das also nicht klappt, ist das Risiko für Unbeteiligte extrem hoch.
Teterboro:	Teterboro ist sehr weit weg. Die Höhe reicht höchstwahrscheinlich nicht, um den Flughafen zu erreichen. Die Option ist also zu riskant und scheidet damit aus.
Hudson:	Liegt direkt vor der Nase, also gut zu erreichen. Risiko einer Bruchlandung: extrem hoch. Risiko für Unbeteiligte: sehr niedrig.

In diesem Beispiel liegt die Lösung auf der Hand, aber ich denke, das Prinzip ist klar geworden. Prüfe alle Optionen auf das Chancen-Risiken-Verhältnis.

Decision

Du hast die Fakten analysiert, Optionen abgeleitet und diese auf Chancen und Risiken gecheckt – jetzt musst du eine Entscheidung treffen. Außerhalb der Fliegerei scheint das nicht so eindeutig zu sein, denn hier werden an diesem Punkt gern Arbeitskreise gebildet, in denen das Problem dann weiter zerredet wird. Tatsächlich sind Aufschieberitis und Entscheidungsschwäche weitverbreitete Themen. Aber du weißt ja: Keine Entscheidung ist auch eine Entscheidung.

Execution

Ausführung! Jetzt musst du deine Entscheidung natürlich auch umsetzen. Auch das klingt wieder banal, aber: Viele Menschen treffen z. B. über den Jahreswechsel die Entscheidung, sich in einem Fitnessstudio anzumelden. Die Entscheidung ist sicher gut und richtig – ich habe nur manchmal das Gefühl, dass den Leuten nicht klar ist, dass die Entscheidung allein nichts bringt. Sie müssen auch hingehen.

Check

In der Kontrollphase geht es darum, zu überprüfen, ob deine Entscheidung dich zu dem Ergebnis führt, das du haben willst. Nachdem du oft Entscheidungen unter Unsicherheit treffen musst, weißt du eben manchmal auch nicht, ob deine Maßnahmen dich zum Ziel führen. Wichtig ist hier, nicht in planlosen Aktionismus zu verfallen, sondern eine Entscheidung zu treffen, sie umzusetzen und dann die Auswirkungen zu checken. Wenn das Ergebnis nicht das ist, das du brauchst oder erwartest, beginnst du ein neues FORDEC.

Es ist nicht klar, wann FORDEC entwickelt wurde, es wird aber seit Jahrzehnten genutzt. In dieser Zeit gab es mit Sicherheit viele Versuche, das System weiterzuentwickeln, es ist aber in seinen Schritten einfach gut und strukturiert und deshalb hat es sich bis heute durchgesetzt.

FORDEC ist eine Struktur für Sachentscheidungen. Sie wird seit Jahrzehnten erfolgreich von Flugzeugbesatzungen, aber auch in anderen Risikobereichen angewendet. Es steht für Facts, Options, Risks & Benefits, Decision, Execution und Check.

6.3 FEAR – Entscheidungen unter Angst

So hervorragend und geeignet ich FORDEC auch finde, es taugt vor allem, wenn es um Sachfragen geht, und die hat man im Cockpit ja vorwiegend.

In den Jahren der Corona-Pandemie bin ich aber bei meinen Kunden mit einer ganz anderen Art von Entscheidungen konfrontiert worden. Ja, diese Entscheidungen hatten natürlich auch einen sachlichen Kern, sie waren aber vor allem mit extremen Emotionen, vor allem Angst belastet. Und nicht nur das, oftmals waren einfach nicht genug belastbare Fakten da, um eine faktenbasierte Entscheidung zu treffen. Gerade in der Anfangszeit wusste man nur sehr wenig – es mussten aber dennoch Entscheidungen getroffen werden. In dieser Situation habe ich eine Variante des FOR-DEC entwickelt, die meine Kunden als extrem hilfreich empfanden: das FEAR-Konzept.

FEAR ist das englische Wort für Angst. In dem Konzept stehen die Buchstaben für:

- Facts
- Emotions
- Assumptions
- Re-Assessment

Facts

Was sind die Fakten? Diese Frage kennst du schon von FOR-DEC. Lass mich an dieser Stelle aber noch einmal genauer erklären, was ich damit meine:

In den letzten Jahren habe ich viele virtuelle Vorträge gehalten oder Online-Seminare durchgeführt. Wenn du so etwas tust, dann zeigt dir die Plattform immer an, wie viele Menschen gerade eingeloggt sind. Sagen wir mal, es sind im Moment gerade 482 Teilnehmer und Teilnehmerinnen eingeloggt. Das ist ein Fakt, den man überprüfen kann. Viele meiner Kollegen oder Kolleginnen würden nach einer solchen Veranstaltung sagen: Mir haben 482 Menschen zugehört. Aber das ist kein Fakt, das ist eine Annahme.

Assumptions – Annahmen

Du bist eingeloggt, das weiß ich. Ich habe aber keine Ahnung, ob du mir zuhörst. Ich weiß nicht, ob dein Ton ausgeschaltet ist und du statt meinem Vortrag lieber einem Hörbuch folgst. Wenn deine Kamera ausgeschaltet ist, weiß ich noch nicht mal, ob du überhaupt anwesend bist. Das englische Wort für Annahme ist „assumption", das Verb dazu heißt „to assume". Wenn du das in seine Silben zerlegst, weißt du, was du von Annahmen halten kannst: to assume means to make an ASS of U and ME. Ich glaube, auch wenn du kein Englisch sprichst, weißt du, was das heißt.

Eine Annahme ist kein Fakt

Das Problem ist: Wenn du nur wenige belastbare Fakten hast, dann musst du Entscheidungen aufgrund von Annahmen treffen. Und das gilt nicht nur zu Pandemie-Zeiten. Wir leben in einer Welt, die sich so schnell verändert, dass du gar nicht nachkommst mit dem Faktensammeln. Und grundsätzlich spricht auch nichts dagegen, Entscheidungen zu treffen, die sich auf Annahmen stützen. Du solltest nur das eine nicht mit dem anderen verwechseln – und dir schon gar nicht einreden, dass es sich bei deinen Annahmen um Fakten handeln würde.

Der Annahmen-Check

Es gibt einen ganz einfachen Test, um herauszufinden, ob es sich bei einem Punkt um einen Fakt oder eine Annahme handelt. Stell dir einfach folgende Frage:

Bist du bereit, ein Jahresgehalt zu wetten?

Wenn du jetzt spontan sagst: „Auf jeden Fall. Ich würde sogar noch verdoppeln", eine innere Stimme aber zu dir sagt, ob du es nicht lieber erst mal bei sieben Euro fünfzig lassen möchtest – dann wäre es sicher ganz sinnvoll, die Fakten erst noch mal zu überprüfen.

Emotions

Mach dir jetzt die Emotionen bewusst, die in dir sind, wenn du die Annahmen bewertest. Wenn du völlig verängstigt bist, wirst du andere Schlüsse ziehen, als wenn du absolut euphorisch bist. Wenn du wütend bist, ziehst du andere Schlüsse, als wenn du frisch verliebt bist. Werde dir klar über deine Emotionen. Sei dabei ehrlich (!) und beziehe diese Informationen dann in die Bewertung mit ein.

Re-Assessment

Nun geht es um die Neubewertung! Diesen Punkt kennst du schon so ähnlich von FORDEC, hier ist es das C für Check. Bei FEAR gehe ich aber noch einen Schritt weiter. Je dynamischer eine Situation ist, je schneller also Veränderung stattfindet, umso mehr musst du deine Entscheidungen auf Annahmen gründen. Ein reiner Check, ob du die Ergebnisse erzielst, reicht hier nicht mehr. Du musst die Situation neu bewerten. Gibt es neue Fakten, haben sich die Rahmenbedingungen geändert, gibt es vielleicht sogar neue Stakeholder? Eine Neubewertung ist sicher aufwendig. Aber Blindflug hilft dir nicht weiter.

Vorbereitung
Ja, ich weiß: Diesen Punkt haben wir schon ein paar Mal gehabt. Ich möchte ihn trotzdem noch ein letztes Mal besonders herausstellen.

Nach seiner Landung auf dem Hudson wurde Kapitän Sullenberger gefragt, was sein Geheimnis sei. Viele vermuteten, dass es seine Erfahrungen als Segelflieger wären oder seine Karriere als Pilot bei der Navy. Nichts davon! Sullenbergers Antwort auf die Frage war: „Ich war vorbereitet." Sullenberger hat sich immer wieder die Frage gestellt: „Was würde ich jetzt tun, wenn ...?" Diese einfache mentale Übung hat ihm im entscheidenden Moment die Zeit verschafft, um das Problem zu lösen. Es gibt einen alten Spruch in der Fliegerei, der genau das ausdrückt:

Je mehr du dich am Boden plagst, desto weniger musst du in der Luft schwitzen.

Entscheidungen müssen getroffen werden – gute Vorbereitung und ein geplanter Umgang mit Krisen und Abläufen können helfen, sie zu erleichtern.

- Es gibt zeitkritische und zeitunkritische Entscheidungsthemen. Bei zeitunkritischen Themen kannst du abwägen und Entscheidungswerkzeuge anwenden. Auf zeitkritische Themen musst du vorbereitet sein, sonst wirst du von den Ereignissen überrollt.

- FORDEC und FEAR sind zwei unterschiedliche Strukturen. Das Anwenden dieser Strukturen sorgt dafür, dass Prioritäten richtig gesetzt werden, aber auch, dass keine relevanten Punkte übersehen werden.
- FORDEC – Facts, Options, Risks & Benefits, Decision, Execution und Check – ist perfekt geeignet für sachliche, rationale Entscheidungen.
- FEAR – Facts, Emotions, Assumptions und Re-Assessment – ist besonders stark in unklaren Situationen, wenn keine oder zu wenig belastbare Fakten vorhanden sind.

Nachwort: Perfekt, aber zu spät

In den letzten Kapiteln habe ich dir die aus meiner Sicht wichtigsten Werkzeuge für bessere Entscheidungen mitgegeben. Vielleicht sind in manchen Punkten noch Fragen offen – aber du hast effektive Werkzeuge, mit denen du direkt loslegen kannst.

Lass mich am Schluss noch drei Punkte mit dir teilen, die für mich besonders wichtig sind und die auch ein Teil der Motivation waren, dieses Buch zu schreiben.

Es gibt keine Sicherheit mehr

Die Veränderungsgeschwindigkeit hat in den letzten Jahren dramatisch zugenommen, und zwar in allen Bereichen, in der Technologie, in der Art, wie wir kommunizieren, in der Gesellschaft. Und ganz ehrlich: Das wird auch so bleiben. Ich bin immer etwas erstaunt, wenn nach wie vor Change-Workshops gemacht werden. Diese Dinger suggerieren, dass die Veränderung irgendwann vorbei ist. Leider falsch!

Veränderung ist das neue Normal. So leicht, wie der Satz ausgesprochen ist, so umfassend sind seine Konsequenzen. Es bedeutet nämlich, dass es immer weniger geben wird, worüber du dir sicher sein kannst. Wir werden in einem Zustand sein, in dem Erfahrungen nur noch wenig nutzen und in der das Sicherheitsdenken, das vielen von uns im Blut liegt, dich aufs Abstellgleis schiebt.

Wenn du in der Zukunft erfolgreich sein willst, musst du dich auf neues Terrain begeben. Du musst bereit sein, Dinge auszuprobieren, und du musst bereit sein, Fehler zu machen.

Überlebbare Fehler

Spätestens hier wird es für viele kritisch. Empfehle ich gerade wirklich, Fehler zu machen? Als ich Fluglehrer war, habe ich eine für mich sehr wichtige Lektion gelernt. Ich war nämlich, zumindest am Anfang, kein besonders guter Fluglehrer. Meine Schüler haben im Schnitt fast doppelt so lange gebraucht, bis man sie zum ersten Mal alleine fliegen lassen konnte.

Jetzt ist es ja sehr unwahrscheinlich, dass ich ausschließlich unbegabte Schüler habe, also habe ich analysiert, was genau ich tue, also wie ich das Fliegen lehre. Und siehe da: Sehr schnell ist mir aufgefallen, dass ich zu Mikrokorrekturen neige – Mikromanagement. Mein Schüler ist dabei, einen Fehler zu machen, und sofort mache ich kleine Korrekturen, um den Fehler auszugleichen. Die Landungen waren dann zwar immer sehr schön, aber halt nicht vom Schüler.

In diesem Moment ist mir eine Sache klar geworden: Ich muss meinen Schülern die Chance geben, überlebbare Fehler zu machen. Ich muss ihn/sie davon abhalten, sich umzubringen – das ist meine Verantwortung als Lehrer. Ich muss ihn/sie davon abhalten, den Flieger kaputt zu machen – das ist auch meine Verantwortung. Aber innerhalb dieser Leitplanken muss ich ihm/ihr die Chance geben, überlebbare Fehler zu machen. Und siehe da: Plötzlich machten alle dramatische Fortschritte.

Ich glaube, das ist die Grundvoraussetzung für Erfolg in der Zukunft: Wir brauchen Mut zu überlebbaren Fehlern.

Folge nur Ratschlägen, die dir gefallen

Ich weiß nicht, ob du mir bei den letzten Gedanken zustimmst oder nicht, deswegen hier noch ein letzter Hinweis: Manchmal bekommst du einen Ratschlag oder eine Empfehlung, gegen die sich alles in dir sträubt. Der Rat mag gut gemeint sein und der Mensch, der ihn dir gibt, mag eine Koryphäe auf seinem/ihrem Gebiet sein, aber vielleicht passt er schlicht nicht zu dir. Bei allem, was wir heute über unser Gehirn wissen, hat dieses komische Gefühl einen Grund, auch wenn du nicht weißt, welchen. Und aus dieser Erkenntnis habe ich für mich den Schluss gezogen, nur Ratschlägen zu folgen, die für mich passend sind.

So, das war‘s.
Ich wünsche dir viel Erfolg bei allem, was du vorhast, dass du mehr richtige Entscheidungen als falsche triffst und dass die wirklich wichtigen möglichst immer richtig sind.

Alles Gute und happy landings
Peter Brandl

Fast Reader

1. Eine falsche Entscheidung ist besser als keine Entscheidung

Falsche Entscheidungen haben falsche Auswirkungen – und die bekommst du mit. Du kannst deine Entscheidung korrigieren oder zumindest aus deinem Fehler lernen. Triffst du keine Entscheidungen, tun das andere für dich und du wirst dich als Opfer der Umstände fühlen.

- Es ist vor allem wichtig, zwischen einer Entscheidung und einer Problemlösung zu unterscheiden. Problemlösungen gehen oft schief, weil Know-how oder Skills fehlen.
- Wichtig ist auch der Umgang mit der Schuldfrage. Schuldfragen führen immer in die Vergangenheit, außerdem lähmen sie und verhindern Entscheidungen eher.
- Die Lösung liegt aber in der Zukunft.
- Solange du Entscheidungen triffst, hast du das Heft des Handelns in der Hand.
- Weichst du Entscheidungen aus, wirst du zum Opfer der Umstände.

2. Die größten Mythen über Entscheidungen

Wenn Menschen sich immer wieder falsch entscheiden, liegt das oft daran, dass sie einem der vier Hauptmythen über Entscheidungen aufgesessen sind.

- **Der Alternativlos-Mythos**
  Es gibt immer noch andere Optionen. Oftmals sieht eine Situation ausweglos aus, man glaubt, keine Wahl zu haben. Aber auch hier gibt es Alternativen – die Frage ist nur, ob wir sie sehen.

- **Der „Bewusst handeln"-Mythos**
  Ein Großteil unseres Handelns und damit unserer Entscheidungen wird von Gewohnheiten und Routinen gesteuert. Der Mensch fliegt auf Autopilot. Die Frage ist nur, wie dein Autopilot programmiert ist. Führt er dich zu guten Entscheidungen oder reitet er dich in den Mist?

- **Der „Rationale Entscheidungen"-Mythos**
  Unser Gehirn kann keine Entscheidungen treffen, ohne dass Emotionen beteiligt sind. Spätestens die Bewertung von Fakten unterliegt „Labels" wie z. B. zuverlässig, vertrauenswürdig usw. Es ist wichtig, das Zusammenspiel von Ratio und Emotion zu verstehen, um bessere Entscheidungen zu treffen.

- **Der Talent-Mythos**
  Es gibt keine Belege dafür, dass es Menschen gibt, die mehr Talent für Entscheidungen haben als andere. Fakt ist, dass auch hier Erfahrung, Training und vor allem die Gewohnheit, Entscheidungen zu treffen, ausschlaggebend sind.

3. Schnelles Denken, langsames Denken

Bei Entscheidungen wirken immer zwei Kräfte: das schnelle Denken und das langsame Denken.

- Das erste steht für die unbewussten, das zweite für die rational bewussten Prozesse.
- Beide Prozesse haben Stärken, aber auch deutliche Schwächen. Und diese Schwächen solltest du kennen, um Fehlentscheidungen zu vermeiden.
- Die Hauptproblematik ist, dass unser Gehirn öfter mal eine Abkürzung nimmt. Was uns auf der einen Seite effektiver macht, leitet uns im Zweifel in die Irre.
- Besonders herauszuheben sind hier verschiedene Heuristiken, aber auch Verzerrungen der Wahrnehmung, wie die Bubble Bias, das „Emotional Tagging“ oder Labeling, aber auch das Verwechseln von Korrelation und Kausalität.

4. Navigation – Dein Kompass zu besseren Entscheidungen

Die wenigsten Entscheidungen können wirklich im Alleingang getroffen werden. In den meisten Fällen gibt es Rahmenbedingungen oder Umstände, die auf die Entscheidung einwirken.

- Dies können Personen oder Strukturen sein, die von der Entscheidung betroffen sind, es können aber auch deine eigenen Werte, Interessen oder Ziele sein.
- Es ist nicht sinnvoll, diese Rahmenbedingungen zu ignorieren, denn dann würde das Ergebnis der Entscheidung wahrscheinlich wenig Bestand haben. Eine Entscheidung, die im Konflikt mit deinen Werten oder Zielen steht, führt im Zweifel dazu, dass du dich selbst sabotierst.
- Es muss sichergestellt werden, dass es nicht Personen oder Rahmenbedingungen gibt, die die Entscheidung torpedieren.
- Der wichtigste Betroffene bist aber du selbst. Stelle deshalb sicher, dass deine Entscheidungen mit deinen Werten und deinen Zielen übereinstimmen.

5. Werkzeuge für bessere Entscheidungen

Gute Entscheidungen entstehen nur selten durch Zufall. Es gibt eine Reihe von Techniken und Werkzeugen, mit denen Optionen gegeneinander abgewogen werden können, um

eine tragfähige und gute Entscheidung zu treffen. Man kann diese Werkzeuge grob in zwei Gruppen unterteilen.

- Zum einen ganz klassische Werkzeuge wie z. B. Pro-und-Kontra- oder Checklisten sowie Entscheidungsmatrizen. Diese Werkzeuge dienen vor allem dazu, Verzerrungen und Fehlerquellen auszuschließen.
- Auf der anderen Seite stehen die Kreativitätstechniken. Diese Gruppe dient vor allem dazu, möglichst viele Optionen, also Entscheidungsmasse zu generieren.
- Und je mehr Optionen du hast, umso besser kann deine Entscheidung werden.

6. Der Entscheidungs-Masterplan

Es gibt Situationen, z. B. in der Luftfahrt, da wären Fehlentscheidungen tödlich. Dazu kommt, dass in solchen Situationen normalerweise nicht genug Zeit ist, um differenziert abzuwägen und eine analytische Entscheidung zu treffen. In solchen Situationen braucht es Strategien, die schnell und mit einer hohen Sicherheit zu belastbaren Ergebnissen führen.

- FORDEC und FEAR sind zwei dieser Strukturen.
- FORDEC kommt aus der Luftfahrt und gehört zum A und O eines jeden Piloten. Es ist perfekt geeignet für sachliche, rationale Entscheidungen.
- FEAR hingegen ist besonders stark in unklaren Situationen, wenn keine oder zu wenig belastbare Fakten vorhanden sind. Hier geht es darum, Fakten von Annahmen abzugrenzen, den

Einfluss der Emotionen abzuschätzen und dann zu prüfen, ob die Annahmen belastbar sind.

- Das Anwenden beider Strukturen sorgt dafür, dass Prioritäten richtig gesetzt werden, dass aber auch keine relevanten Punkte übersehen werden.

Der Autor

Peter Brandl ist Profi-Pilot, Unternehmer, Fluglehrer und Past President der German Speakers Association. Seit fast 30 Jahren berät er Unternehmen und Top-Manager*innen und entwickelt mit ihnen Kommunikationsstrategien und Verhandlungskonzepte.

Mit fast 3.500 Veranstaltungen zählt er zu den gefragtesten und bestgebuchten Speakern Europas. Brandl verbindet Airliner-Cockpit und Vorstandsetage mit dem echten Leben. Dieser ungewöhnliche Ansatz brachte ihn schon zusammen mit Größen auf die Bühne wie Richard Branson, dem Apple-Mitbegründer Steve Wozniak, dem früheren Bundespräsidenten Christian Wulff, Steffi Graf und Tim Mälzer.

Seine Kundenliste liest sich wie das Who's who der deutschen Wirtschaft, und das vor allem, weil seine Konzepte direkt umsetzbare Strategien sind, mit denen man auch in turbulentesten Zeiten sicher ans Ziel kommt.

Mehr Informationen: entscheidung.peterbrandl.com

Buchungsanfragen: office@peterbrandl.com

Weiterführende Literatur

Borbonus, Rene: Klarheit. ECON, 2015, 6. Auflage

Brandl, Peter: Crash Kommunikation. Warum Piloten versagen und Manager Fehler machen. GABAL, 2010, 6. Auflage

Brandl, Peter: Hudson River. Die Kunst, schwere Entscheidungen zu treffen. GABAL, 2013, 3. Auflage

Brandl, Peter: Kommunikation 3.0. GABAL, 2023

Covey, Steven: Die 7 Wege zu mehr Effektivität. GABAL, 2018, 59. Auflage

Damasio, Antonio: Descartes' Irrtum. Ullstein, 2014, 9. Auflage

Kahnemann, Daniel: Schnelles Denken, langsames Denken. Penguin, 2016

Watzlawik, Paul: Wie wirklich ist die Wirklichkeit? Wahn, Täuschung, Verstehen. Piper, 2021, 2. Auflage

Register